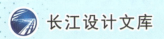
长江设计文库

U0598007

孔凡辉 谢明霞 罗炜 等 编著

# 数字孪生
# 流域

解决方案

长江出版社
CHANGJIANG PRESS

图书在版编目（CIP）数据

数字孪生流域解决方案 / 孔凡辉等编著 . -- 武汉 ：
长江出版社，2024. 6. -- ISBN 978-7-5492-9540-1

Ⅰ . TV-39

中国国家版本馆 CIP 数据核字第 20241QN365 号

数字孪生流域解决方案

SHUZILUANSHENGLIUYUJIEJUEFANGAN

孔凡辉等　编著

责任编辑： 郭利娜

装帧设计： 汪雪

出版发行： 长江出版社

地　　址： 武汉市江岸区解放大道 1863 号

邮　　编： 430010

网　　址： https://www.cjpress.cn

电　　话： 027-82926557（总编室）

　　　　　 027-82926806（市场营销部）

经　　销： 各地新华书店

印　　刷： 湖北金港彩印有限公司

规　　格： 787mm×1092mm

开　　本： 16

印　　张： 15.5

字　　数： 350 千字

版　　次： 2024 年 6 月第 1 版

印　　次： 2024 年 6 月第 1 次

书　　号： ISBN 978-7-5492-9540-1

定　　价： 128.00 元

## 编写人员

孔凡辉　谢明霞　罗　炜　刘子健

刘志鹏　喻　杉　惠　宇　张恒飞

冯　敏　刘　昱　郭　肖　万俊杰

高　蔚　苏培芳　徐利福

# 序

## PREFACE

  数字孪生技术研究方兴未艾，在各行业各领域中展现出巨大的应用潜力，亦已成为学术界关注的热点。水是生命之源、生产之要、生态之基，兴水利、除水害，事关人类生存、经济发展、社会进步，历来是治国安邦的大事。在水利领域，数字孪生以其"历史可追溯、现实可呈现、未来可预测"的特点，通过构建与物理世界对应的水利数字孪生体，"模拟、预测、分析、推演"物理水利的管理运行活动，为水利高质量发展提供了全新的路径和数智化解决方案。

  数字孪生与水的融合是新一代信息技术在水利行业的综合集成应用。2021年6月，长江设计集团有限公司在武汉承办了第333场中国工程科技论坛——"数字孪生与水科技创新论坛"。此次论坛邀请众多院士专家集中探讨在数字孪生理念下，如何解决"水资源、水环境、水生态、水安全"等水利治理和管理等方面涉及的各种问题，从而助力数字中国、水利新基建、长江大保护等国家战略实施。

  "君子务本，本立而道生"，解决流域治理和管理过程中的问题是数字孪生水利建设的根本。数字孪生流域解决方案，是在数字时代背景下，深入分析流域治理和管理活动中的关键因素和挑战，围绕满足水利业务提质增效的迫切需求，解决水利数字化转型中的核心问题，结合建设实践，逐步摸索与总结出来的。

  现阶段，在水利行业大力推进数字孪生流域建设进程中，需要从业务、应用、技术等角度厘清4个关系：第一是水利工程—流域—水网之间的关系，在物理世界中，水利工程、流域、水网是环环相扣的有机整体，在数字世界中，三者之间是以工程为点、流域为线、水网为面，共同构成的水利数字孪生体；第二是流域内跨部门、跨专业之间的关系，流域管理是一项综合性、复杂性极强的业务,防洪调度、水资源调配等都涉及多目标优化、多专业协同,因此,数字孪生流域也是一个复杂巨系统,亟须打通数据、服务、业务共享融合的通道;第三是物理流域与数字流域之间的关系,数字流域是对物理流域的映射,其中既包含流域要素的映射,也包含流域业务过程的映射,映射精度决定了孪生流域的精确度和精细度,映射精度应按需而行,避免追求过度孪生;第四是数字孪生流域与其他业务系统之间的关系,数字孪生流域应是一个开放性、自演化的体系,在建设过程中,不仅需充分考虑整合利用现有流域业务系统,同时还需具备强大对外赋能与系统集成能力。

本书作者以承担数字孪生流域研究项目成果为基础,围绕数字孪生流域的发展历程、面临挑战、关键要素、核心能力、建设方案、应用实践和产业发展等多个维度进行了探索性论述,希望能为数字孪生流域建设者和研究人员提供有价值、成体系的参考。

数字孪生流域的探索建立在前期建设成果与实践经验之上,并在数字孪生系统理论的指引下逐步展开。尽管该理论体系尚处于持续优化与完善过程中,但其核心精髓——虚实映射的共生演进,始终是不变的。随着数字孪生技术的不断突破,及其在水利行业的深入融合,必将在推动水利高质量发展中发挥愈加重要的作用。

是为序。

钮新强

中国工程院院士

2024 年 6 月

# 前 言

## FOREWORD

信息技术已经深刻改变了我们的生活方式,并且正在以前所未有的速度重塑我们的工作方式。发展新质生产力,推进高质量发展,我们需以数字化为引擎,推动传统产业的转型升级,进而引领全社会生产、生活及治理方式的全面革新。水利作为经济社会发展的基石,其数字化转型升级显得尤为重要。这不仅是响应国家政策、推动行业进步的必然之举,更是实现水资源高效利用、促进可持续发展的关键所在。因此,我们必须加快水利数字化转型的步伐,以科技创新为引领,以数字化手段为支撑,推动水利事业迈向新的发展阶段。

数字孪生流域建设目标是通过运用数字孪生技术,实现流域管理治理等活动的数字化、智能化升级改造,从而提升流域管理效率,提高水利业务决策科学性,更好地服务水利高质量发展,支撑社会经济活动。水利部在《数字孪生流域建设技术大纲(试行)》中将数字孪生流域定义为:以物理流域为单元、时空数据为底座、数学模型为核心、水利知识为驱动,对物理流域全要素和水利治理管理活动全过程进行数字映射、智能模拟、前瞻预演,与物理流域同步仿真运行、虚实交互、迭代优化,实现对物理流域的实时监控、发现问题、优化调度的新型基础设施,并细化了数字孪生流域的建设目标、建设内容、建设方法,提出了主要的建设指标。

长江设计集团有限公司积极响应数字中国战略,发展水利新质生产力,打造水利数据、技术和业务一体化平台,支撑以"数字化场景、智慧化模拟、精准化决策"为路径的"四预"(预报、预警、预演、预案)智慧水利体系建设。自主研发的水工程防灾联合调度系统为长江流域防洪演练提供技术支撑,并在2020年长江大洪水、2021年汉江秋汛中发挥关键技术作用;数字孪生汉江有力保障了汉江流域年度水量调度计划和南水北调中线一期工程年度水量调度计划编制工作,在数字孪生流域建设先行先试中期评估中均取得了"双优"(优秀项目、优秀案例)佳绩;相关成果,在数字孪生长江、数字孪生北江流域等众多流域数字孪生建设中推广应用,有力支撑相关流域数字化转型升级。

本书围绕流域管理的应用需求,结合多个具体项目建设经验,介绍数字孪生流域建设的解决方案。全书共7篇20个章节,第一篇包含3个章节,主要介绍数字孪生流域的发展历程、发展趋势及面临的挑战;第二篇包含3个章节,系统分析了数字孪生流域建设的关键要素和核心能力,并提出了数字孪生流域的系统架构;第三篇感知与数据,包含2个章节,叙述了感知体系建设的要点,介绍了新型水利监测技术,并详细介绍了数据底板建设的方法和数据引擎;第四篇从模型、知识、平台等3个维度,介绍数字孪生核心技术建设内容与建设方法;第五篇基础与体系部分,讲述了数字孪生流域依赖的软硬件基础设施和系统标准体系,重点叙述了安全保障体系建设的内容和方法;第六篇通过简述流域防洪、水资源调配,以及其他相关业务,如河湖管护、工程建管、灌区管理等应用,为读者介绍本书解决方案的应用方法和成效;第七篇从技术突破、体系重塑2个角度,对数字孪生流域的发展及应用前景做了展望,与广大水利同仁共勉。

本书由孔凡辉担任主编,谢明霞、罗炜担任副主编。第一篇、第二篇、第三篇由孔凡辉、谢明霞、罗炜编写,第四篇、第五篇由刘志鹏、刘子健、刘昱、万俊杰、高蔚编写,第六篇由张恒飞、喻杉、冯敏、惠宇编写,第七篇由苏培芳、郭肖、徐利福编写,全书由孔凡辉、谢明霞审核。

数字孪生流域建设是一项庞大而复杂的工程,涵盖众多专业领域。本书在内容上力求全面,尽量覆盖了水利部导则的建设要点,深入探讨了数字孪生技术在流域管理中的具体应用。然而，鉴于数字孪生理论体系的范围之广，内容之深，以及前沿技术方法的日新月异，本书对于相关知识的探讨可能仍显不足，建议读者广泛阅读其他相关资料以获取更全面的认识。在孪生平台建设中，本书虽对人工智能、高精度仿真等新型信息化技术应用，以及具体业务系统的研发提供了思路和方法，但可能仍无法完全覆盖流域管理全过程的业务应用。不同流域因其特点不同，业务需求也会存在显著差异。同时，随着数字孪生技术在各领域的深入应用，新的业务需求也将不断涌现。因此，读者在具体实践中应根据各流域的实际情况和业务特点，灵活调整和优化应用策略，以满足不断变化的业务需求。

数字孪生技术展现出了强大的包容性与融合力，随着新兴技术的不断涌现，其技术手段亦呈现出日新月异的发展态势。我们热切期待与读者共同探讨，共同为数字孪生水利建设贡献我们的智慧和力量。同时，由于学识所限，书中难免存在不足之处，恳请读者不吝赐教，您的宝贵意见将是我们不断进步的重要动力，我们对此表示衷心的感谢。

本书在编写过程中引用参考了大量文献，在此向这些文献作者们表示衷心的感谢。

编　者

2024 年 3 月

# 目　录

CONTENTS

## 第1篇　历程·趋势·挑战

第1章　发展历程 ················································· 2

1.1　发展与演进 ················································· 2

1.1.1　计算化辅助应用阶段 ························· 3

1.1.2　数字化应用阶段 ····························· 3

1.1.3　网络化应用阶段 ····························· 3

1.1.4　智能化应用阶段 ····························· 3

1.1.5　数字孪生应用阶段 ························· 4

1.2　概念与内涵 ················································· 4

1.2.1　数字孪生流域的概念 ····················· 4

1.2.2　数字孪生流域的内涵 ····················· 6

1.2.3　数字孪生流域的特征 ····················· 7

1.3　现状与探索 ················································· 9

1.3.1　已有信息系统基础 ························· 9

1.3.2　流域感知基础 ····························· 12

1.3.3　数字孪生流域建设探索 ················· 13

第2章　发展趋势 ················································· 16

2.1　政策趋势 ················································· 16

2.1.1　数字化转型 ································· 16

2.1.2　水利高质量发展 ··························· 17

2.1.3　新质生产力 ································· 18

2.2　业务趋势 ················································· 18

2.2.1　流域综合管理 ····························· 19

2.2.2　流域防洪联合调度 ······················· 19

2.2.3 流域水资源管理与调配 ································ 20
2.2.4 其他 N 项业务 ································ 22
2.3 技术趋势 ································ 24
2.3.1 感知技术 ································ 24
2.3.2 模拟仿真技术 ································ 25
2.3.3 人工智能技术 ································ 26

第3章 面临挑战 ································ 27
3.1 理念挑战 ································ 27
3.2 标准挑战 ································ 28
3.3 技术挑战 ································ 29
3.3.1 多源异构数据未系统化管理 ································ 29
3.3.2 可视化应用场景构建周期长和困难多 ································ 30
3.3.3 模拟仿真难度大 ································ 31
3.3.4 孪生应用服务缺乏统一的管理平台 ································ 32
3.4 人才挑战 ································ 32

## 第2篇 要素·能力·架构

第4章 数字孪生流域关键要素 ································ 35
4.1 算力是基础 ································ 35
4.1.1 算力需求强劲 ································ 36
4.1.2 提升算力的手段 ································ 37
4.2 算据是驱动 ································ 38
4.2.1 静态数据 ································ 39
4.2.2 动态数据 ································ 39
4.2.3 数据驱动 ································ 39
4.3 算法是引擎 ································ 40
4.3.1 水利专业模型 ································ 41
4.3.2 智能应用模型 ································ 41
4.3.3 可视化模型 ································ 41
4.3.4 仿真模型 ································ 42

4.4　算筹是工具 ································································· 42

 4.4.1　数据处理工具 ················································· 43

 4.4.2　模型管理与应用工具 ········································ 44

 4.4.3　孪生体建模工具 ·············································· 44

 4.4.4　数字化场景构建工具 ········································ 45

 4.4.5　应用敏捷搭建工具 ··········································· 45

第5章　数字孪生流域核心能力 ········································· 46

5.1　物联感知与操控 ····················································· 46

5.2　数据融合与治理 ····················································· 47

5.3　全要素数字化表达 ·················································· 48

5.4　模拟仿真与推演 ····················································· 49

5.5　孪生系统自我演化 ·················································· 50

第6章　数字孪生流域系统架构 ········································· 51

6.1　总体架构 ······························································· 51

 6.1.1　实体流域 ······················································· 51

 6.1.2　信息基础设施 ················································· 51

 6.1.3　数字孪生平台 ················································· 53

 6.1.4　标准规范体系 ················································· 55

 6.1.5　安全保障体系 ················································· 55

6.2　逻辑架构 ······························································· 55

6.3　业务架构 ······························································· 57

6.4　物理架构 ······························································· 58

## 第3篇　感知·数据

第7章　感知体系 ···························································· 61

7.1　流域感知要素 ························································· 61

7.2　水利监测站网 ························································· 63

 7.2.1　硬件感知层 ···················································· 63

 7.2.2　数据传输层 ···················································· 65

 7.2.3　感知中心层 ···················································· 66

7.2.4 安全保障体系 ·········································· 67

7.2.5 传统监测系统升级 ······································ 68

7.3 新型水利监测技术 ·········································· 68

7.3.1 遥感监测技术 ·········································· 68

7.3.2 无人机监测技术 ········································ 69

7.3.3 高清视频监控 ·········································· 70

7.3.4 水下机器人 ············································ 71

7.3.5 地面机器人 ············································ 71

第8章 数据底板 ·············································· 72

8.1 数据资源 ·················································· 72

8.2 数据存储 ·················································· 74

8.2.1 数据规范 ·············································· 74

8.2.2 水利元数据模型 ········································ 74

8.2.3 水利数据模型 ·········································· 75

8.2.4 水利网格模型 ·········································· 78

8.3 数据引擎 ·················································· 79

8.3.1 数据汇聚 ·············································· 79

8.3.2 数据治理 ·············································· 82

8.3.3 数据挖掘 ·············································· 86

8.3.4 数据服务 ·············································· 87

## 第4篇 模型·知识·平台

第9章 模型平台 ·············································· 94

9.1 流域孪生体建模 ············································ 95

9.1.1 数字孪生体概念 ········································ 95

9.1.2 孪生体分类分级标准 ···································· 97

9.1.3 流域孪生体应用 ········································ 98

9.2 水利专业模型 ·············································· 101

9.2.1 水文模型 ·············································· 101

9.2.2 水资源模型 ············································ 102

9.2.3　水动力学模型 ･･････････････････････････････ 103

9.2.4　水土保持模型 ･･････････････････････････････ 104

9.2.5　水利工程安全模型 ･･････････････････････････ 105

9.3　智能模型 ･･････････････････････････････････････ 105

9.3.1　无人机监测 AI 识别模型 ････････････････････ 106

9.3.2　遥感监测 AI 识别模型 ･･････････････････････ 106

9.3.3　视频 AI 识别模型 ･･････････････････････････ 106

9.3.4　语音 AI 识别模型 ･･････････････････････････ 108

9.4　可视化模型 ････････････････････････････････････ 108

9.4.1　可视化数据模型 ････････････････････････････ 109

9.4.2　数据渲染模型 ･･････････････････････････････ 110

9.4.3　模拟仿真引擎 ･･････････････････････････････ 111

9.5　模型管理 ･･････････････････････････････････････ 112

9.5.1　管理架构 ･･････････････････････････････････ 113

9.5.2　微服务管理 ････････････････････････････････ 114

9.5.3　模型服务 ･･････････････････････････････････ 116

第 10 章　知识平台 ･･････････････････････････････････ 120

10.1　知识库 ･･････････････････････････････････････ 121

10.1.1　预报调度方案库 ･･････････････････････････ 121

10.1.2　历史洪水场景库 ･･････････････････････････ 122

10.1.3　业务规则库 ･･････････････････････････････ 123

10.1.4　专家经验库 ･･････････････････････････････ 126

10.2　知识引擎 ････････････････････････････････････ 127

10.2.1　引擎功能 ･･･････････････････････････････ 127

10.2.2　应用场景 ･･･････････････････････････････ 129

10.3　知识管理 ････････････････････････････････････ 129

10.4　知识服务 ････････････････････････････････････ 130

10.4.1　知识时空搜索 ･･････････････････････････ 131

10.4.2　知识问答 ･･･････････････････････････････ 132

10.4.3　知识可视化展示 ･･･････････････････････ 132

10.4.4　水利行业知识图谱 ･･･････････････････････ 133

10.4.5　知识分析及智能推荐 ･･････････････････････ 134

**第 11 章 应用开发平台** ·········· 135

11.1 大数据中心 ·········· 136

11.1.1 数据归档管理体系 ·········· 136

11.1.2 大数据中心技术框架 ·········· 137

11.1.3 流域大数据专题应用 ·········· 139

11.1.4 数据服务发布和共享 ·········· 140

11.2 数字场景编辑器 ·········· 140

11.2.1 渲染引擎 ·········· 140

11.2.2 仿真引擎 ·········· 145

11.2.3 场景数据规范 ·········· 146

11.2.4 场景编辑工具 ·········· 147

11.3 数字孪生应用服务平台 ·········· 149

11.3.1 低代码开发模式 ·········· 150

11.3.2 数据资源和服务分发 ·········· 152

11.3.3 模板开发管理 ·········· 153

11.3.4 智能孪生应用集成 ·········· 154

11.3.5 成果快速发布部署 ·········· 155

## 第 5 篇 基础 · 体系

**第 12 章 信息基础设施** ·········· 158

12.1 通信网络 ·········· 158

12.1.1 信息网 ·········· 158

12.1.2 控制网 ·········· 158

12.1.3 业务网 ·········· 159

12.1.4 网络管理 ·········· 160

12.2 算力建设 ·········· 161

12.2.1 建设原则 ·········· 161

12.2.2 云平台指标 ·········· 161

12.2.3 云平台框架 ·········· 162

第13章 标准体系 ································································ 163

13.1 数据标准 ····························································· 163

13.1.1 地理空间数据标准 ·········································· 163

13.1.2 BIM 数据标准 ··············································· 163

13.1.3 水利基础数据标准 ········································· 164

13.1.4 数据共享服务标准 ········································· 165

13.2 服务标准 ····························································· 166

13.2.1 接口安全 ····················································· 167

13.2.2 接口规范 ····················································· 168

13.2.3 性能指标 ····················································· 169

第14章 安全保障体系 ····················································· 171

14.1 网络安全防护等级 ················································ 171

14.1.1 安全保护等级概述 ········································· 171

14.1.2 安全等级预评估概述 ······································ 173

14.1.3 安全等级预评估及定级 ··································· 173

14.2 安全体系 ····························································· 174

14.2.1 网络安全与防护 ············································ 174

14.2.2 数据共享及保护机制 ······································ 175

14.2.3 数字应用安全策略 ········································· 176

14.3 保障体系 ····························································· 177

14.3.1 安全管理要求 ··············································· 177

14.3.2 安全运营环境 ··············································· 179

## 第6篇 业务·应用

第15章 流域防洪 ····························································· 182

15.1 流域防洪全景图 ··················································· 182

15.2 流域防洪"四预" ··················································· 183

15.3 流域防洪"四预"决策支持 ······································ 184

15.4 防洪兴利应用案例 ················································ 185

第16章 流域水资源调配 ·················································· 195

16.1 水资源调配全景图 ················································ 195

16.2 水资源调配"四预" ···················· 196

16.3 水资源辅助决策支持 ···················· 197

16.4 水资源调配应用案例 ···················· 198

第 17 章 流域其他应用 ···················· 201

17.1 河湖巡查管护 ···················· 201

17.2 工程勘察设计 ···················· 205

17.3 工程建设管理 ···················· 208

17.4 灌区调度防汛 ···················· 212

# 第 7 篇　未来·展望

第 18 章 技术突破 ···················· 216

18.1 数字孪生流域关键技术突破 ···················· 216

18.1.1 更全面的感知与监测体系 ···················· 216

18.1.2 更快速便捷的数据融合 ···················· 217

18.1.3 高精度建模与智能仿真 ···················· 217

18.1.4 知识图谱技术不断完善 ···················· 217

18.2 数字孪生流域新技术发展 ···················· 218

18.2.1 人工智能技术 ···················· 218

18.2.2 时空纬度扩展 ···················· 218

18.2.3 多学科交叉和多技术融合 ···················· 218

18.2.4 增强现实与虚拟现实结合 ···················· 219

第 19 章 体系重塑 ···················· 220

19.1 水利工程—流域—水网数字孪生一体化 ···················· 220

19.2 数字孪生赋能流域治理管理 ···················· 221

第 20 章 前景展望 ···················· 223

20.1 加强监测体系建设,提升信息采集能力 ···················· 223

20.2 全面数字化建模,打造流域孪生体 ···················· 224

20.3 完善仿真模拟,提升智慧化水平 ···················· 224

20.4 建设流域业务系统,提供决策支撑 ···················· 224

参考文献 ···················· 225

# 第1篇

# 历程·趋势·挑战

长期以来,水利行业一直在积极探寻信息化与流域管理业务相结合的最佳路径和模式。随着计算机科学的持续进步和信息化技术的全面渗透,这两者的融合已逐渐走向深化,水利行业正迈入一个全新的发展阶段,同时也为我们带来了前所未有的机遇和挑战。当前,水利领域提出的数字孪生流域概念,正是这一融合趋势下,数字孪生技术在流域治理、管理实践活动中深度应用的产物。

数字孪生并不是新概念,其诞生发展到目前阶段,经历了近20年的时间,在航空航天、精密制造等领域广泛应用,但数字孪生与流域治理、管理结合,却是全新的课题。数字孪生流域不仅为水利行业带来了全新的治理、管理理念和方法,还极大地拓宽了我们的视野和思维。通过构建一个与真实流域相对应的数字孪生体,我们可以实现对流域状态的实时监测、模拟预测和优化控制,为水利治理、管理提供了前所未有的便利和可能性。同时,数字孪生流域也为水资源的合理利用、水灾害的防控和水环境的保护等方面提供了新的解决思路和手段,为水利事业的可持续发展注入了新的活力。

"知其所来,识其所在,明其将往"(《列子·说符》),准确把握水利信息化发展的脉络,明晰数字孪生流域的发展态势,深入理解数字孪生流域内涵,是数字孪生流域建设首要解决的问题。

# 第1章 发展历程

## 1.1 发展与演进

通过构建仿真模型来模拟真实环境、推演事物的复杂变化是人类普遍运用的研究方法,先秦时期的古人即开始应用沙盘,搭建简易的流域仿真环境,来模拟洪水的演变过程(图1-1)。自20世纪90年代以来,计算机技术在水利行业快速普及,提出了水利向信息化发展的方向,并开始不断开展水利信息化应用的探索与实践,通过计算机来模拟真实流域环境,基于数字化虚拟流域,开展河湖管理、洪水模拟、防洪应急、水资源调配等流域管理工作成为重要的研究方向,这与数字孪生的概念不谋而合。

图1-1　流域沙盘

从水利信息化的研究与应用,到数字孪生流域建设任务的提出,水利信息化发展大体经历了5个阶段。

## 1.1.1　计算化辅助应用阶段

早期水利信息化受限于计算机软硬件水平及信息化技术的限制,应用方向主要集中在利用计算机的运算能力,辅助人工作业,从而简化复杂的水利演算过程,快速精确地得到演算结果。流域数据的采集、传输、处理,纸质数据的数字化、计算结果整理都需人工干预,专业技术人员通过计算机辅助,开展数据分析、计算等小部分工作,流域管理采用传统业务模式。

## 1.1.2　数字化应用阶段

个人电脑的发展与普及推动了各行各业办公数字化升级。在计算机硬件方面,中心计算单元(CPU)的运算能力、图形处理单元(GPU)的处理能力等都得到较大提升;在软件方面,视窗化操作系统的出现降低了计算机的使用难度,数据处理软件、计算分析软件、设计软件、可视化软件、办公软件等配套应用工具类软件逐渐丰富。在此基础上,水利部门针对防洪调度模拟、水资源调配模拟等实时性要求不高的流域管理业务,开展数字化应用建设,形成了基于历史数据或模拟数据,进行演算,得到计算结果,经方案评比,形成预案,为实时决策提供参考的数字化业务应用模式。由于实时性制约,大部分流域管理工作仍然主要采用传统业务模式。

## 1.1.3　网络化应用阶段

互联网技术的高速发展,提升了通信效率,数据时效性和系统连通性实现巨大的飞跃,采集的数据能及时回传,不同来源的数据能同步处理,特别是移动互联网的出现,4G/5G极大地提升了无线网络传输的效率,流域监测数据、视频监控数据均可实时回传到中心服务器。同时,云服务、物联网、边缘计算等新技术不断涌现,数据处理效率显著提高,流域综合监测、防洪应急指挥、水工程联合调度等实时性要求高、跨区域多部门业务的数字化应用转型形成趋势,从而带动传统流域管理模式的转变,网络化应用阶段,大部分流域管理业务已采用数字化模式。

## 1.1.4　智能化应用阶段

2006年,杰弗里·辛顿及鲁斯兰·萨拉赫丁诺夫提出深度学习概念,拉开了人工智能大发展的序幕。基于深度神经网络(DNN)的人工智能飞速发展,推动自然语言处理、图像与视频识别、三维重建、文本与图片生成等技术领域的不断突破,诞生了一大批人工智能应用范例,人工智能技术在交通、医疗、能源、水利等众多行业得到了广泛的应用。流域管理实践中也快速引入了人工智能技术,并在河道监控、水质监测、风险评估、综合调度等流域治理管理业务中得到应用,成效显著,流域管理业务从数字化向智能化方向深化发展。

### 1.1.5 数字孪生应用阶段

数字孪生概念早在数字化应用时期开始萌发。2002 年,密歇根大学 Grieves 教授在 PLM 课程中首次提出"数字孪生"模型。2010 年,美国国家航空航天局(NASA)在航空航天领域正式提出"数字孪生"概念,并将其应用于飞行器仿真研究。此后,航空、航天、汽车等制造领域广泛运用数字孪生技术,解决复杂系统的高精度构建、仿真模拟、低成本推演等问题。同时,水利领域专家也积极探索水利与数字孪生结合之路,在水利水电工程设计、施工、管理,流域综合监测,水工程防洪调度等业务应用里,做了广泛尝试。2021 年,水利部提出通过建设数字孪生流域推动水利高质量发展,正式将数字孪生列为未来水利信息化发展的重要方向。

## 1.2 概念与内涵

### 1.2.1 数字孪生流域的概念

学术界认为数字孪生是以数字化方式创建物理实体的虚拟实体,借助历史数据、实时数据以及算法模型等,模拟、验证、预测、控制物理实体全生命周期过程的技术手段。具体到数字孪生流域(图 1-2),水利部在《数字孪生流域建设技术大纲》做出了精准的定义:"数字孪生流域是以物理流域为单元、时空数据为底座、数学模型为核心、水利知识为驱动,对物理流域全要素和水利治理管理活动全过程进行数字映射、智能模拟、前瞻预演,与物理流域同步仿真运行、虚实交互、迭代优化,实现对物理流域的实时监控、发现问题、优化调度的新型基础设施。"

水利部将数字孪生流域定义为一种新型基础设施,并明确数字孪生流域的建设范畴、主要内容、重点功能及应用场景。

(1)建设范畴

以物理流域为单元,涵盖流域全要素,以及水利治理管理活动全过程。流域要素包含地理空间要素,如地形、影像等;水系要素,如河流、湖泊、沟渠等;工程要素,如堤防、水库、闸站、泵站等;设备设施,如监测站点、监测设备、配套建筑等。水利治理管理活动,如防洪、抗旱、水资源调配、河道管理、"四乱"整治、工程运维、水生态管理、水环境管理等。

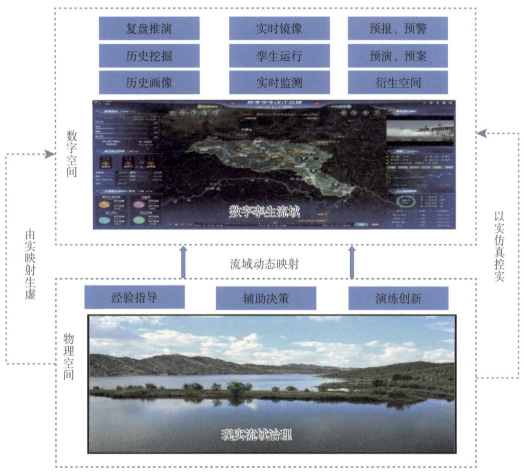

图1-2 数字孪生流域示例

(2)主要内容

数字孪生流域的基础建设内容包括流域感知体系、信息基础设施、时空数据底座、水利专业模型、水利知识、安全保障措施等。基于基础建设内容,还包括各类业务应用,如流域综合监测业务系统、流域应急防洪减灾业务系统、流域水资源调配业务系统等。

(3)重点功能

数字孪生流域围绕各类流域管理业务,需重点实现流域全要素数字映射,全过程智能模拟、前瞻预演、决策预案,通过数字流域与物理流域的同步仿真、虚实交互、迭代优化,实现对物理流域的实时监控、发现问题、优化调度。

(4)应用场景

水利部提出数字孪生流域建设"2+N"应用场景,"2"主要指防洪减灾、水资源调配;"N"根据各流域的典型特点与侧重,各有不同,如流域防凌、水行政执法、河道管理、水利监督、水文管理、水生态、水土保持等。

## 1.2.2 数字孪生流域的内涵

数字孪生流域是数字技术与物理流域的深度融合,首先,虚拟数字系统与实体物理流域,实现了概念的统一,让我们可以从更宏观的视角来看待信息技术与流域管理业务的融合(图1-3)。其次,数字孪生流域也为数字技术、网络技术、智能技术的融合应用,提供了统一的技术框架,针对各类信息技术在流域管理中的应用场景和作用,有了更清晰的定位。

**图 1-3 数字孪生流域内涵**

根据对数字孪生流域定义的分析,我们从以下四个维度概括其内涵:

(1)一套技术体系

数字孪生流域综合数字化、网络化、智能化等应用的能力与特点,形成了对象建模、关系映射、数据感知、机理模型、业务应用等有机融合的技术体系,来支撑流域管理业务的数字化转型。

(2)两大孪生空间

数字孪生流域需实现物理空间与数字空间的映射与交互。数字空间的映射与交互需建立在对物理流域的运行机理充分认识的基础上,开展物理流域要素的数字化建模,构建与物理流域要素一一对应的数字孪生体对象模型,依托孪生体对象模型,在数字空间实现物理流域全要素及水利治理全过程的"历史可追溯,现实可呈现,未来可预测"。

(3)三大专业领域

数字孪生流域涉及数据、模型、交互三大专业领域。数据包含数据感知、采集、传输、处理、存储、应用等;模型包含水利机理模型、专业模型、智能识别模型、可视化模型、仿真模型、映射关系模型等;交互包含物理实体与数字孪生体之间的交互、感知端与计算端之间的交互、计算端与应用端之间的交互、应用端的人机交互等。

(4)四项核心功能

按其功能等级可将数字孪生分为模拟、诊断、预测、决策。模拟是根据数据底板、感知监测等信息,数字化展示物理世界的特征;诊断是基于监测信息、历史数据,分析风险或问题产生的原因;预测是基于监测信息与机理模型,分析未来可能的发展变化;决策是根据不同的输入条件,分析可能产生的结果,并评估最优的应对方案,为业务决策提供依据和指导。

## 1.2.3 数字孪生流域的特征

基于数字孪生流域概念定义与内涵分析,将数字孪生核心特点和流域治理管理相结合,数字孪生流域的特征包括高度保真、演化自治、实时同步、闭环互动及共生进化(图1-4)。

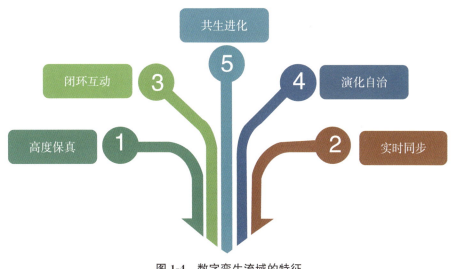

图1-4 数字孪生流域的特征

（1）高度保真性

河流、湖泊等自然水系，以及地下含水层机构和大坝、闸门、泵站、渠道、管道等物理流域对象与虚拟流域空间中的虚拟对象，不仅在几何结构和外形表观有着高度的相似性，而且水流运动状态、工程运行状态以及流域治理管理活动状态也保持高度仿真，同时要求建立描述水资源—生态环境—社会经济系统相互作用、共同演化的流域数字孪生模型，能够精确地模拟预测物理流域系统的时空变化过程。

（2）演化自治性

物理流域对象（如物理空间中的水流运动）和虚拟流域对象（如虚拟空间中的水流运动）遵循质量守恒、动量守恒、能量守恒等相同的物理原理进行相互独立的时空演化。如根据采集的真实河道的边界条件或假定的边界条件，在虚拟流域空间中，利用可扩展的数字孪生模型（如水文水动力模型和可视化模型）能够立体直观地自主模拟仿真推演历史或未来或某种工况条件下河道水流的演进过程，分析各种外部影响因子对河道水流状态及伴随属性的影响，从而提升数字孪生流域的推演能力。

（3）实时同步性

物理流域对象在受气候变化和人类活动影响下处于不断变化过程中，那么这就要求虚拟流域对象与对应的物理流域对象的初始条件和动态运行时的结构、状态、参数保持一致性。利用物理流域对象（如河道）当前状态（如地形、水位、流量）的实时数据初始化虚拟流域模型运行的起始状态，以保证数字孪生模型能够实时预测物理流域对象的运行轨迹，尤其能够跟踪极端事件的变化态势。在数字孪生模型运行中，利用实测数据不断调整模型结构、状态和参数，使物理流域对象演化的物理规律与虚拟流域模型蕴含的物理规律保持一致，以保证对物理流域对象变化轨迹进行高精度的预测。

（4）闭环互动性

虚拟流域和物理流域之间通过实时连接交互嵌入业务链中，实现数字孪生流域的闭环来实现业务赋能。一方面，通过对物理流域空间中水循环过程的监测分析以及演变规律和形成机理的深度洞察，完善和调整流域数字模型结构和参数来降低不确定性，使其更加准确地反映流域水循环特性，精准预测水循环变化趋势；另一方面，在虚拟流域空间中，利用数字孪生流域高度保真性和演化自治性，通过模拟仿真推演结果的分析评估，滚动调整水利工程运行、应急调度、人员防灾避险等应对措施，制定工程运行和优化调度等方案策略，从而改变物理流域对象的演化轨迹。

（5）共生进化性

以数字孪生技术构成的虚拟流域和物理流域的"双胞胎"通过高度保真性、演化自治性、实时同步性和闭环互动性来实现共生融合、迭代进化，促进彼此之间的发展。对于物理流域来说，虚拟流域通过复演物理流域的历史轨迹、监视和模拟物理流域实时运行态势和预测物理流域未来变化，对流域治理管理的全生命周期进行全方位掌控，为制定可行的流域治理管理方案提供协商决策平台，从而使物理流域每条河流向"幸福河"目标逼近。对于虚拟流域来说，随着"幸福河"的分阶段实现，管理和技术人员对物理流域的运行规律认识更加深刻，从而能够对物理流域进行"精准画像"，形成对流域更全面更精准的认知，促进虚拟流域的不断迭代优化。

## 1.3　现状与探索

数字孪生流域建设并不是另起炉灶、重新建设，也不可能一蹴而就，经历过去几十年的发展，各大流域在水利信息化建设方面都积累了一定成果，为数字孪生流域建设打下了一定的基础。

### 1.3.1　已有信息系统基础

目前，流域各区域、各管理部门，根据自身数字化需要，已建成的信息系统包含以下几大类：

（1）流域水利信息管理系统

水利部门在水利信息化发展历程中，开发了大量的信息管理系统，用于管理数字化后的水利数据，如水资源信息管理系统、水库管理信息系统（图 1-5）、水土保持信息管理系统、河长制管理信息系统、监测数据管理信息系统等。这些信息系统可统称为流域水利信息管理系统，主要用于信息上传、查询、报表化展示等业务管理工作的数字化。

但目前，大多信息管理系统设计时，面向单一业务，虽然提高了某一个环节的数字化效率，但是整体开发程度较低、功能不全情况较为普遍，且系统分散在流域各个地区、不同管理部门、不同专业科室，建设、管理单位不统一，系统间基本不存在耦合与共享，数据壁垒、功能重复建设的情况普遍存在。

图 1-5　流域水库信息管理系统示例

（2）流域大数据平台

流域数字化的建设,导致数据规模持续增长,数据壁垒、数据烟囱的问题越发凸显。流域大数据平台的建设是为了有效管理流域的相关数据,提高数据应用的效率,提升数据价值,为防汛抗旱、水资源管理、生态保护等提供数据支撑。流域管理相关数据的主要特征是:来源多、类型多、结构多、协调部门多,同时,防洪调度等业务对数据时效性、处理速度、分析效率的要求高。因此,流域大数据平台需做好数据标准体系建设,提高异构数据处理、数据融合等能力,提升数据存储、共享、应用服务方面的性能。

传统水利业务涉及的数据量相对不大,但近几年,随着新型流域感知体系的建设,流域监测数据呈现爆发式的增长,特别是数字孪生流域建设需要的地质勘测、高精度地形影像、实景模型、工程 BIM 模型、实时监测监控等数据,数据量大、数据结构复杂,对大数据平台建设提出新要求。目前,各大流域均已开展大数据平台相关的建设,部分已初见成效,如长江流域凝练了集江河湖泊、水利工程、水利管理于一体的水利数据模型,并基于水文、水环境、水生态等于一体化的综合监测站网,建成中心数据库,各类数据汇集整合,形成了 47 类 270 余万个对象的基础信息、技术成果和管理资料数据库(图 1-6)。

（3）"流域一张图"系统

多部门业务协同决策是水旱灾害防御、水资源调配等流域管理的重要需求,为实现数据的统一应用,建设"流域一张图"系统。"流域一张图"系统,是在流域范围内自然地理数据、社会经济数据等基础上,叠加融合流域水利相关的要素数据,最终形成一张包含流域各要素情况的地图。一般自然地理数据包含数字高程、正射影像、大比例尺地形图等,有条件的地区会集成实景模型、点云等新型自然地理数据;社会经济数据包含道路、行政区划、保护区、人口、GDP、重要工业园区等;水利相关要素数据涵盖流域内的河流、湖泊、沟渠等水系数据,水库、大坝、水电站、堤防、泵站、闸站等水利工程数据,还包含水文站、雨量站、监测站等水利监测基础数据等。

图 1-6  长江大数据中心

"流域一张图"从全流域视角,将流域管理业务,如防洪、排涝、水资源调配、灌溉、饮水等重要信息进行可视化,并叠加实时动态监测数据展示,实现快速浏览查询,掌握流域内最新水雨情、险情、预警信息,为流域管理提供信息汇聚、直观快速、多源融合的全景展示。

"流域一张图"整理汇总了流域各类信息,并实现了数据初步融合、可视化叠加浏览与查询,可以作为数字孪生流域数字场景建设基础,并为模拟推演等孪生功能提供可视化支撑(图1-7)。

**(4)流域业务决策系统**

随着流域数字化建设的深入,越来越多的流域要素实现了数字化,基于数字化能力的跨部门综合管理和决策成为提高管理效率、提升方案科学性的重要方向。各流域管理机构、水利局等水利主管部门,建设了如水文监测预报系统、防洪应急指挥系统、水资源调配系统、水工程联合调度系统等各类决策管理系统。业务决策系统在大数据平台、"流域一张图"的基础上,结合业务决策需求,实现了多维业务数据的融合及协同应用,提升了决策效率,如长江流域以防洪为主要应用,建成国家防汛抗旱指挥系统,初步实现防洪"四预"功能,支撑2020年长江流域性大洪水防御和2021年汉江秋汛防御的防汛指挥。

但流域各业务决策系统基于标准化的业务决策流程开发建设,往往只能处理相对固定的业务,呈现的是流域某个时刻的数据及状态,面对更灵活的业务需求,应对不够灵活,往往需要重新开发。时效性方面,针对流域要素的变化,无法实时响应更新;交互与操作方面,无法实现按需交互,以及与物理流域的同步等种种问题,还有巨大的提升空间。

图1-7 "流域一张图"系统

## 1.3.2 流域感知基础

传统的流域监测以水文监测、雨量监测为主,其他如水质、水环境、水生态的监测相对较少。近年来,国家加大对环保的重视程度,追加环境监测投资,逐渐弥补相关短板。同时,新监测手段、新监测技术、新监测设备也不断涌现:一是天—空—地—水工的综合立体感知体系逐渐成熟,卫星遥感、天基LIDAR、无人机航空监测、无人车地面监测、无人船水下水面监测等;二是新型传感器技术,如压力、光敏、磁敏、声敏、高分辨率成像等;三是新型边缘计算型监测设备,实现监测、采集、计算、传输一体化应用。

物联感知体系的建设与实际业务需要和社会经济发展水平息息相关,各流域感知监测体系的建设情况不一,经济发达的东南部区域,如长江三角洲、珠江三角洲,水患灾害频发或国家关注的重点区域,投入比较大,有相对完善的流域感知监测体系,如截至 2020 年,长江流域已建成各类站点 3 万余个。其他经济不发达区域,感知监测体系投入不足,监测站点密度、监测量维度、监测频率、自动化程度等相对落后,达不到数字孪生应用的基本要求。

### 1.3.3　数字孪生流域建设探索

"十三五"期间,水利行业已自发性地开展数字孪生与水利业务融合应用方面的研究。2021 年底,水利部正式提出"十四五"期间数字孪生流域建设规划,并积极推动试点建设。近几年来,各流域积极开展数字孪生技术与流域管理相结合的应用试点,如长江、湖北汉江、福建闽江、广东北江等。通过数字孪生技术,进一步推动了流域管理的现代化水平。

（1）数字孪生长江建设

长江是中国第一大河,流域面积 180 万 $km^2$,GDP 占全国总量的四成以上,长江的治理、保护、利用关系到重大国计民生。建设数字孪生长江,具有重大的意义。为推进数字孪生长江建设,长江水利委员会以水利部数字孪生流域建设顶层设计及技术路线为指导,遵循"需求牵引、继承发展"的原则,在长江流域已有信息化系统成果的基础上,制定了"数字长江"和"智慧长江"分两步走的发展战略,具体为:以已建成的防汛抗旱指挥系统与"流域一张图"时空大数据平台等智慧业务系统为基础,进一步深化和提升调度规则目标覆盖面,同时针对提升流域感知和数据融合能力提升、流域模拟、精度提高、智能调度水平提升、业务应用拓展等数字孪生长江建设技术增量需求,选取汉江流域、三峡库区、长江中下游行蓄洪空间为试点开展技术攻关和示范建设,其总体思路见图 1-8。

**图 1-8　数字孪生长江流域信息化发展阶段**

经历几十年的发展，目前，长江流域基本实现以防洪为主要应用的数字长江系统（图1-9）。截至2020年，系统实现如下功能：①流域感知监测方面，流域内已建成各类站点3万余个。②流域数据方面，形成了集水文、水环境、水生态等一体的综合监测站网并整合形成了中心数据库，凝练了集江河湖泊、水利工程、水利管理于一体的水利数据模型，整合形成了47类270余万个对象的基础信息、技术成果和管理资料数据库。③建成"流域一张图"系统，实现全要素信息融合与展示。④在模型算法方面，探索了新技术、新理念的运用，包括：建成面向机理模型和智能模型的水利业务通用服务平台；融合机器学习技术，实现雨洪智能分析、预报结果智能校正、调度方案智能推荐等专业模型；建成了面向水库群防洪联合调度应用的规则库与知识图谱。

数字长江建设为构建数字孪生长江奠定了基础，但面对"虚实映射、实时同步、共生演进、闭环优化"的数字孪生技术要求，以及全面感知、虚实映射、全要素及全过程"四预"智慧应用要求，还存在感知能力欠缺、流域模拟精度仍需提高、流域工程调度智能水平亟待提升、业务应用需向防洪以外进行拓展等问题。"智慧长江"将以"数字长江"为基础，进一步深化和提升调度规则目标覆盖面，开展集水库、洲滩民垸、蓄滞洪区、引调水工程等多种水工程联合运用，考虑防洪、水资源、水生态、水环境等多目标综合调度的系统研发，重点提升流域全要素感知能力、多源数据融合能力，提高流域模拟精度、智能调度水平，拓展业务应用范畴等。

图1-9　长江防汛抗旱指挥系统

## (2)数字孪生汉江建设

汉江是长江的一级支流,水资源丰富,是南水北调中线工程的重要水源。目前,汉江主要控制性水库群已初具规模,流域水资源管理从大力建设开发利用,逐步走向科学调度运用的新时期。数字孪生汉江流域的建设,纳入水利部数字孪生流域建设试点,目标是围绕汉江防洪调度、水量调度和生态调度需求,实现水旱灾害防御、水量及生态调度"四预"功能,建设汉江流域"数字化场景、智慧化模拟、精准化决策"智慧管理体系。

数字孪生汉江综合运用流域全局特征感知、联结计算(通信技术、物联网与边缘计算)、云边协同技术、大数据及人工智能建模与仿真技术,构建汉江数字孪生体,实现物理流域与数字流域的交互、映射、协同(图1-10)。

目前,数字孪生汉江进一步提升汉江流域感知监测能力,建成"空—天—地—水"立体感知体系,建成可精确描述流域水体形态与水工程运用状态的数字化场景,并针对防洪、水资源调配、水生态等多个方面开展"四预"智慧决策体系建设,建成以丹江口水库为核心的控制性防洪水库群、长江中下游杜家台蓄滞洪区及分蓄洪民垸的防洪智能调度应用,建成以丹江口水库为核心的汉江上游干支流控制性调节水库群和南水北调中线、引汉济渭、鄂北水资源配置、引江济汉等引调水工程的水量智能调配应用,建成丹江口水库对王甫洲库区水草削减及与中游航电枢纽、兴隆枢纽联合预防和削减水华,促进鱼类繁殖生态调度应用。

图 1-10  数字孪生流域及动态映射和交互特征

# 第2章 发展趋势

## 2.1 政策趋势

我国政府在"十三五"期间即提出推动壮大战略性新兴产业的发展,将信息经济作为国家发展的重要目标,"十四五"更进一步提出加快数字化发展,建设数字中国,打造数字经济新优势的战略,并通过提供税收优惠、资金扶持等方式,鼓励企业加大数字技术的研发和应用力度,推动数字产业的快速发展。这些政策为数字产业的健康发展提供了有力保障。

### 2.1.1 数字化转型

我国政府高度重视数字化产业的发展,将其作为推动经济转型升级、提升国家竞争力的重要战略方向,目标是推动数字产业化、产业数字化和数字化治理,打造具有国际竞争力的数字产业集群,推动经济社会全面数字化转型。

水利数字化转型是产业数字化发展的重点之一,国家发改委《"十四五"数字经济发展规划》中,将水利作为重点行业纳入数字化转型提升工程,提出大力发展智慧水利,目标是构建智慧水利体系,以流域为单位提升水情测报和智能调度能力(图2-1)。如何利用互联网、云计算、大数据、人工智能等信息新技术对水利行业进行全方位改造,提高全要素生产率,发挥数字技术对行业发展的倍增作用,是水利信息化的重点研究方向。

数字孪生作为与现实世界生产活动结合最紧密,且多专业、跨学科、高度集成的综合应用技术,将在水利行业的数字化转型过程中发挥重要作用。基于数字孪生流域可实现流域全要素、全流程数字化管理和可视化操作,如水资源可视化监控与管理、水旱灾害防御预案分析决策等,流域管理者可以对决策预案进行验证和优化,从而减少错误和浪费,降低成本并提高效能。数字孪生技术可以帮助流域管理者更好地掌握流域状态、优化管理流程、提高决策效率,推动水利行业智能化、智慧化发展。

国务院关于印发
"十四五"数字经济发展规划的通知
国发〔2021〕29号

各省、自治区、直辖市人民政府,国务院各部委、各直属机构:
　　现将《"十四五"数字经济发展规划》印发给你们,请认真贯彻执行。

国务院
2021年12月12日
(此件公开发布)

"十四五"数字经济发展规划

图 2-1　《"十四五"数字经济发展规划》

## 2.1.2　水利高质量发展

为积极践行习近平总书记"节水优先、空间均衡、系统治理、两手发力"的治水思路,认真落实国家"十四五"规划纲要的要求,加快推进智慧水利建设,驱动新阶段水利高质量发展,2021年10月,水利部印发了《关于大力推进智慧水利建设的指导意见》《"十四五"期间推进智慧水利建设实施方案》,还同步印发了《智慧水利建设顶层设计》《"十四五"智慧水利建设规划》,系列文件明确了推进智慧水利建设的时间表、路线图、任务书、责任单(图 2-2)。

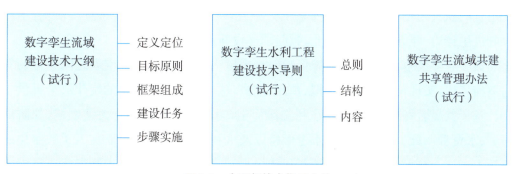

图 2-2　水利部技术指导文件

2021年12月,水利部召开推进数字孪生流域建设工作会议,强调要深入学习贯彻落实习近平总书记"十六字"治水思路,以及关于治水工作的重要讲话、重要指示批示精神,以时不我待的紧迫感、责任感、使命感,攻坚克难、扎实工作,大力推进数字孪生流域建设,推动新阶段水利高质量发展;强调要按照需求牵引、应用至上、数字赋能、提升能力的要求,以数字化、网络化、智能化为主线,以数字化场景、智慧化模拟、精准化决策为路径,以算据、算法、算力建设为支撑,加快推进数字孪生流域建设,实现"四预"功能。

2022年3月,水利部印发了3个技术文件和1个管理办法。技术层面的3个文件分别是《数字孪生流域建设技术大纲(试行)》《数字孪生水利工程建设技术导则(试行)》和《水利业务"四预"基本技术要求(试行)》,管理办法是《数字孪生流域共建共享管理办法(试行)》,明确了数字孪生流域的具体建设内容,细化了技术要求,回答了谁来建、怎么建、怎么共享等问题。各流域管理机构、各地水利主管部门积极开展数字孪生流域试点建设。

### 2.1.3 新质生产力

2023年9月7日,习近平总书记在新时代推动东北全面振兴座谈会上提出:"整合科技创新资源,引领发展战略性新兴产业和未来产业,加快形成新质生产力。"同年12月12日的中央经济工作会议,强调要"以科技创新推动产业创新,特别是以颠覆性技术和前沿技术,催生新产业、新模式、新动能,发展新质生产力"。2024年1月31日,中央政治局第十一次集体学习,习近平总书记做了《发展新质生产力是推动高质量发展的内在要求和重要着力点》的讲话,第一次明确给出了新质生产力的定义:"新质生产力是创新起主导作用,摆脱传统经济增长方式、生产力发展路径,具有高科技、高效能、高质量特征,符合新发展理念的先进生产力质态。它由技术革命性突破、生产要素创新性配置、产业深度转型升级而催生,以劳动者、劳动资料、劳动对象及其优化组合的跃升为基本内涵,以全要素生产率大幅提升为核心标志,特点在质优,本质是先进生产力。"随即,在各行各业,掀起了建设新质生产力的浪潮。

数字孪生技术,将物理实体镜像映射到虚拟空间,并通过虚实空间之间数据的实时双向传递,实现精准高效的模拟、预测、推演,从而为现实世界中的优化决策提供支持。基于其显著特点,数字孪生水利应运而生,为水利治理的多个关键领域,如防洪减灾、水资源调配、水环境改善、水土保持以及水利工程的运维管理,注入了数字化的新活力。这一技术的引入,不仅革新了传统水利管理手段,更推动了智能化决策模式的形成,成为水利行业新质生产力代表,因此,水利部将数字孪生水利建设视为推动水利高质量发展的重要路径。

## 2.2 业务趋势

流域管理业务逐步向精细化、智能化、科学化、可持续化的方向发展,借助先进的信息化技术来提升效率、效能是水利行业的共识。

## 2.2.1　流域综合管理

考虑到单纯依靠水利工程来解决防洪、水资源、水环境、水生态等多维度的流域管理问题存在较大的局限性,20 世纪 80 年代,国家提出了"统筹兼顾、综合治理"的流域综合管理理念。然而,受限于要素信息获取困难、数据处理手段效率低、分析计算模型匮乏等技术难题,流域综合治理往往在小范围试点实施,大规模落地困难。

2010 年后,由于信息化技术的突破,特别是数据采集手段越发丰富,成本逐步降低,各流域纷纷推动全流域信息获取与监测。跨部门的信息交流与共享也为流域综合治理提供了更多的数据支撑,如民政部门的社会经济数据、交通运输部门的道路数据、规划国土部门的用地信息等。同时,基于信息化技术与通信技术,流域各区域、流域之间的沟通、协同更加便利,足不出户即可完成复杂的交流与沟通。目前,水文、气象、地质、水生态、水环境、防洪抗旱、航运、灌溉、发电、工业等众多社会经济因素纳入流域综合管理的考虑范畴,面向多目标的、数值定量化、智能化管理,将成为流域综合管理发展的重要方向。

近年来,国内专家、学者在智慧流域方面进行的探索与实践取得了一些成效,在数字孪生流域方面也进行了有益探索。但是,由于超大范围、超长距离、气候差异大、监测监控环境复杂、传感器类型多而复杂(地质、气象、水质、水文等)以及供电、通信传输等问题,流域全维度、全要素监测感知成为构建数字孪生流域的直接短板;另外,由于通信网络覆盖面小,尚未实现全要素、全业务连接流域业务网,因此数字孪生流域总体上还处于初级阶段。近年来,随着 5G 技术＋工业物联网场景的实践和探索,通过联结物联网、边缘计算、云计算、大数据、区块链、人工智能等纽带,打通了从数据采集、传输、存储、分析处理及决策的全过程,可为数字孪生流域提供新的方法和思路。

## 2.2.2　流域防洪联合调度

(1)"四预"业务功能需求

1)雨水情预报

加强气象水文、水文水力学以及预报调度一体化耦合,建立以流域为单元的短中长期多维多时空全要素预报体系;利用数据底板的信息,实现实时在线率定,提高洪水预报精度,延长洪水预见期。

2)洪水预警

动态展示水位、流量、工情、视频等实时状况,重点对水库、堤防、河段进行态势分析,以预警指标和阈值体系为指导,自动生成并发布预警信息,将预警信息直达一线,直达工程管理单位,直达病险水库"三个责任人"。

3)防洪预演

设定不同情景目标,对可能发生的预测预报水情进行模拟计算,并实时分析洪水灾害防御形势,构建全过程多情景模拟仿真的防灾预演体系,迭代优化运行调度方案,实现正向预演洪水风险形势和影响,逆向推演水利工程运用的安全水位等,制定和优化调度方案,提前发现风险或问题,确保调度方案超前、安全、合理、可行。

4)调度预案

根据预演成果,通过专家会商进行决策,拟定调度令,确定防洪工程运用、抢险物料、设备、抢险队伍、人员转移等非工程措施并组织实施,确保预案的科学性和可操作性。

(2)兴利智能化调度

通过对流域内水资源的监测和模拟,可以实现对水库调度、泄洪操作等的优化。这个需求涉及流域内水量和河流水位的监测、数据采集,以及与水利调度机构的协同合作。通过数字孪生流域模型,可以预测不同调度方案的效果,并选择最佳的调度策略,以实现防洪兴利的最优平衡。

(3)调度方案智能评估

针对不同的调度方案,数字孪生流域模型可以模拟、预测和评估其对流域水资源的影响。这一需求涉及对不同调度策略的建模和模拟,以及对不同指标和约束条件的评估。通过数字孪生流域模型,可以帮助决策者进行决策分析,选择最佳的调度方案,并可对方案实施过程进行监控和调整。

## 2.2.3 流域水资源管理与调配

水资源配置工程需要采用信息化手段辅助调度决策,制定合理的调度计划,实施水闸远程测控,提高水资源调度的科学化、现代化水平,最大限度地发挥工程效益。水资源调度系统应根据各管理分局各自承担的工作任务和职责,进行研发和部署,既满足水资源调度工作的运行习惯,又要体现出调度系统的智能化特点。开发与水资源调度相关的信息系统,应具有水资源调度计划及方案制定、调度的实施、应急调度、调度结果的分析评价、用水计量等功能。

(1)水资源调配"四预"决策体系

1)水量预报

需要实现全国、流域、区域的取用水统计分析、动态评价、需水预测、供需研判等

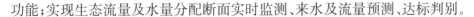

功能;实现生态流量及水量分配断面实时监测、来水及流量预测、达标判别。

2)缺水预警

需要实现生态流量、水量分配、取用水总量控制、地下水"双控"、水质异常等红线指标预警;实现超许可、超计划、超总量管控、水资源承载力、瞒报税等监管预警;实现预警信息的行政发布、定向发布等功能。

3)调度预演

需要实现生态流量、水量分配、水资源常规调度、应急调度的预演场景构建、模拟计算、方案比选优化、仿真演示等;实现调度会商决策的成因分析、会商协调、调度结果复核等功能。

4)调配预案

需要实现水资源调度、取用水管控、压采及水源置换、水污染应急处置措施制定等功能,支撑成因分析、会商协调、调度结果复核等调度会商决策服务功能。

(2)水资源智能调度

根据用水需求,着重考虑受水区农业、工业、生活、生态等方面的用水需求及其趋势预测,依据水资源配置规则,运用数学模型演算,制定科学有效的水资源配置计划,保证水量供需平衡,实现精准调度的目标。

水资源调度方案编制系统依据水资源配置模型编制以月为步长的年度方案、编制以旬为步长的月度方案。水资源调度方案编制系统既能适合工程运行初期的水资源配置管理,又能适合多年运行之后,随着水资源配置模型参数精度的提高、工程管理经验的积累,满足水资源配置的精细管理要求。

水资源调度的具体实施是在水资源调度计划的基础上,编制安全可行的水资源调度方案,生成闸站水位流量的调度指令。各管理分局接到下达的调度指令后,借助信息系统生成闸站闸门开度命令,通过计算机网络发送到相应的闸站现场控制装置,自动开启闸门到设定的开度或关闭闸门。

(3)水资源调度智能评价

主要是利用评价模型和评价指标对年度、季度、月度水量分配方案进行事后评价。评价内容应包括输水能力、输水效率、调度效果、工程安全和维护、计划执行情况、输水损失等。评价结果用于为滚动修正水资源配置方案及各类经验参数。要求评价内容范围明确,评价指标体系内涵清晰、易于量化,判别方法能够弱化随机影响、强化规律影响、淡化干扰因素,评价指标和评价结论以量化为主。

### 2.2.4 其他 N 项业务

**（1）水利工程运行智能管理**

水利工程建设管理方面,需要共享整合流域水利工程规划、设计和建设等有关数据和建设市场交易及市场主体信用等信息,实现水利工程建设设计、施工、资金、进度、质量、安全等环节跟踪,强化水利工程项目建设管理。推动新建重大水利工程BIM 数据汇交、施工现场监控等动态数据接入等工作,提升流域水利工程建设精细化管理水平。水利工程运行管理方面,需要共享接入水利工程的基础信息和安全监测、视频监控、工程运行等信息,构建工程运行安全评估预警、工程险情识别、工程风险诊断等模型,实现水利工程安全管理运行预演应用,提升水利工程安全运行监控和智能化管理水平。

**（2）河湖管理**

需要加强流域河湖水域岸线、河道采砂等重点区域的视频监视、遥感监测等信息采集,整合集成河湖管理范围划定成果、岸线保护和利用规划、涉河建设项目审批、河道采砂规划、河道采砂许可、河道采砂监管、河长制"一河一策"、互联网舆情等数据,构建河湖管理保护突出问题遥感智能识别、视频智能分析及河湖健康评估等模型,实现水域岸线管理、河湖管理决策支持、采砂管理、河湖长制管理等日常监督管理功能,为流域河湖管理提供智能支撑。

**（3）农村水利水电**

依托和共享水利部农村水利水电信息系统相关信息与功能,同时交互衔接流域有关省区数据信息,结合现场督导检查、调研等日常监管业务场景,充分利用现场监测、监视、无人机航拍、遥感卫星图片解译等多种手段和多元数据融合技术,构建农村水利水电管理数字化应用的物理环境数字映射,实现对流域农村水利水电重点工程、重点管理工作的多维度、多层次精准化监测和智能化、高效化管理。

**（4）节水管理与服务**

需要基于国家水资源监控能力建设项目成果,依托有关项目整合节水相关信息系统和信息资源,实现水行政主管部门与用水单位网络互联、管理互动,推动计划用水、用水定额对标达标、节水技术产品发布、节水载体等业务线上办理,需要强化用水总量与强度双控信息化管理,为国家节水行动提供支撑。流域管理机构需要依托现有水资源系统进行功能扩展,实现对用水单位、用水定额、计划用水的台账管理和日常监督。

（5）水行政执法

需要以水行政执法统计信息系统数据库为基础，依托水利部在线政务服务平台等，实现水行政执法的预警防控及时化、执法操作规范化、执法文书标准化、执法过程痕迹化、统计分析可量化、执法监督严密化，可支撑部本级、流域管理机构执法巡查、水行政执法业务、水政监察队伍建设和管理、水事纠纷调处、水行政执法监督等业务的辅助决策服务。流域管理机构依托水行政执法综合管理平台进行水行政执法业务办理，对于已建水行政执法系统的流域管理机构，可以采用原系统通过水行政执法综合管理平台开发的标准接口实现与水利部、省级平台间的互联互通和成果共享。

（6）水利监督

需要利用卫星遥感、视频智能识别、数据挖掘分析等技术手段，建立全面覆盖监督巡检体系和智能识别线索发现机制，提供线索发现、分析研判、现场检查和决策支持等功能，提升水利监管态势感知和风险预警能力，推动水利监督工作从被动响应到主动预防的转变。

（7）水文管理

需要强化水文监测数据管理，实现水文资料快速汇集、自动报汛和在线整编；需要提升分析评价能力，通过构建标准化、模块化水文分析系统，支撑"三道防线"建设，不断提升水文信息发布和分析水平；需要升级现有站网管理系统，提升水文站计划、建设和管理的信息化水平。

（8）政务服务

需要升级改造水利部门户网站，对水利部政务服务平台、"互联网＋监管"系统、水利部 12314 监督举报服务平台和水利部网站的信息加以梳理，在政务服务数据整合的基础上，统一建立栏目并与水利部门户网站现有栏目进行整合，通过门户网站、移动 App（公众版）、微信公众号为社会公众提供便捷有效的服务，实现政务服务事项同源输出、同源发布。

（9）规划计划

需要综合开展水利规划计划业务管理，全面落实水利改革发展重点要求。实现对水利规划计划业务的信息化管理，对水利规划实施过程中水工程建设规划同意书、水利基本建设项目相关工作、水利统计质量等监督管理，对水利规划实施业务、水利基本建设项目初步设计实施业务、水利统计业务的管理。

## 2.3 技术趋势

信息化是21世纪发展最快的技术领域之一,对各行各业形成了巨大的推动效应:一是信息技术的快速发展打破了传统行业之间的壁垒,促进了不同行业之间的融合;二是信息技术的发展使得行业数据的获取、处理和分析变得更加便捷,促进决策的数字化、科学化;三是信息技术推动了更便捷的信息交流与传播,推动了行业创新与市场开拓。水利行业也直接受益于信息化技术的发展,随着感知、模拟仿真、人工智能等技术的继续发展,水利行业也将不断向数字化、智能化深化。

### 2.3.1 感知技术

运用动态智能感知技术,获取流域运行态势,实时更新叠加至流域高精细数据底板,是数字孪生系统鲜活的基础。

(1)物联感知技术

1)小型化与低功耗趋势

微电子技术的进步推动了传感器越来越小型化,这将使得感知设备更加便携、易于部署,并降低能耗和成本。

2)多模态多尺度趋势

小型化带来集成化,未来感知设备除了监测流量、水位外,同时集成视觉、声纹等更多其他传感器,多模态、多尺度的综合感知成为趋势。

3)测算一体化趋势

芯片计算能力与数据处理技术的发展,推动边缘计算能力的发展,基于边缘计算的数据处理与通信技术,终端能更快速地得到计算结果,在传输方面也将更加轻量化,测算一体技术方案应用得越来越广泛,同时,基于分布式运算的边缘端云端联合计算,也为增强现实等实时应用提供技术支持。

4)高精度感知趋势

随着芯片、材料等技术发展,感知设备的精度、灵敏度逐渐提高,智能感知系统将更加准确地识别和理解环境和目标,为流域管理提供更加精准的数据和信息。

(2)智能感知技术

智能感知技术的发展也将对流域管理产生深远的影响,主要体现在以下几个方面:

1）自动化感知管理更加普及

由于感知设备的小型化、轻量化，未来流域监测、巡查将逐步无人化，运用无人机或无人船等载具。搭载的小型感知设备，将实现更智能、更自动的感知监测。

2）多模态、多维度泛在感知

多模态感知技术是指利用多种不同类型的传感器，如摄像头、麦克风、雷达等，同时获取环境信息。未来，随着各种传感器的不断发展和融合，智能感知技术将实现更加全面、准确的环境感知。

3）感知决策一体化

随着数据处理、数据传输能力以及计算能力的不断提升，未来将实现感知与决策的一体化。通过对环境的实时感知和数据分析，数字孪生流域可同步再现真实情况并实时做出决策，实现更加智能化的自动化控制。

## 2.3.2 模拟仿真技术

目前，流域管理涉及的模拟仿真主要针对固定流程的仿真，根据提前预设的模拟仿真流程，基于特定的参数开展仿真，这远远达不到数字孪生流域历史可追溯、现实可镜像、未来可推演的目标。模拟仿真技术的发展趋势是向着更加智能化、多领域交叉融合、实时仿真和决策支持、高性能计算和云计算应用以及与其他技术的集成方向发展。这些趋势将使得数字孪生流域的表达能力更加丰富突出。

（1）自学习智能仿真

随着人工智能技术的不断发展，自学习模拟仿真的智能化水平将不断提高。未来的自学习模拟仿真系统将能够更加自主地进行学习和优化，减少对人工干预的依赖。

（2）多模态仿真

未来的自学习模拟仿真系统将支持多模态输入，如文本、图像、语音等，使得仿真过程更加灵活和多样化。这将使得仿真系统能够适应更多不同类型的应用场景和需求。

（3）实时仿真

随着计算能力的提升和算法的优化，自学习模拟仿真的实时性将得到显著提高。这将使得仿真系统能够在更短的时间内给出结果，从而更好地支持实时决策和优化。

（4）高精度仿真

随着数据质量和数量的提升，以及模型算法的不断改进，自学习模拟仿真的精度将不断提高。这将使得仿真结果更加贴近真实情况，为决策者提供更加准确的信息。

（5）与其他技术的集成

自学习模拟仿真技术将更加注重与其他技术的集成，如虚拟现实技术、增强现实技术等。通过与其他技术的结合，可以为用户提供更加直观、交互性强的仿真体验，提高仿真的沉浸感和真实感。

### 2.3.3　人工智能技术

人工智能技术的发展日新月异，基于人工智能的水利专业模型也是目前水利领域的研究热点，人工智能技术在水利领域的应用也将越来越深入，体现在以下几个方面：

（1）模型泛化推动大规模应用

目前的人工智能模型往往需要大量的标注数据进行训练，影响了人工智能技术在水利行业的应用普及，未来可能会看到模型泛化能力的显著增强，从而意味着模型将能够在更少的数据下进行有效学习，甚至可能实现无监督学习，从而推动智能模型应用成本的快速降低。

（2）跨模态智能应用

目前的人工智能主要处理单一模态的数据，如文本、图像或语音，相比数字孪生流域丰富的数据底板，在数据处理上略有不足。未来，我们可能会看到更多的跨模态智能系统，这些系统能够理解和处理来自多种模态的数据。

（3）AIGC与知识图谱融合

生成式人工智能是目前应用的热点，但存在专业程度差、精度差的问题，未来与知识图谱等技术融合应用，基于生成式人工智能提供更自然的交互，以及快速检索，由水利知识库、水利规则库提供更精确的专业支持，从而完成水利垂直领域的智能应用是重要趋势之一。

（4）水利智能决策

基于历史数据和实时数据，人工智能技术可以构建预测模型，对水位、流量、水质等关键指标进行预测。这将有助于水利部门提前制定应对措施，减少洪涝、干旱等自然灾害的影响。通过人工智能技术，可以对水资源进行优化配置，制定合理的调度方案，确保水资源的合理利用和节约。

总之，人工智能技术的发展将为水利数字化提供有力支持，推动水利事业的现代化和智能化发展。

# 第 3 章　面临挑战

## 3.1　理念挑战

数字孪生并不仅仅是一项技术,也是数字社会人类认识和改造物理世界的方法论。数字孪生流域通过构建流域的数字孪生体,将流域实体与虚拟世界相结合,实现了对流域全要素状态及业务全过程的实时感知、动态分析和科学决策。这种技术的应用不仅提高了流域治理的效率和智能化水平,也为流域管理带来了新的理念和思路(图 3-1)。

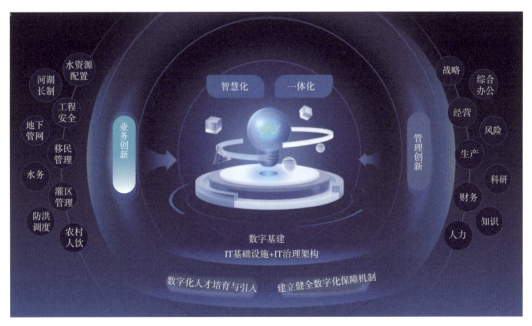

图 3-1　理念创新

（1）数字孪生技术推动流域管理的精细化

数字孪生技术通过实时感知和数据分析，能够准确掌握全流域的状态和规律，为流域综合管理提供精准的数据支持，推动流域治理向精细化、科学化方向发展。

（2）数字孪生技术促进流域管理的前瞻性

数字孪生流域通过模拟仿真和大数据分析，能够揭示流域管理的规律和趋势，为流域管理提供科学的依据和预测，使流域管理更加具有前瞻性和可持续性。

（3）数字孪生技术提升了流域管理的智能化水平

数字孪生技术通过智能化的服务方式和手段，能够提供更加便捷、高效、个性化的城市服务，满足业务管理与决策的需求。

数字孪生技术对发展理念的革新主要体现在推动流域治理的精细化、提高流域规划的前瞻性、提升流域管理的智能化水平等方面。这些革新不仅有助于提高流域治理和管理的效率、智能化水平，也为流域高质量发展带来了新的挑战和机遇。

## 3.2 标准挑战

从水利部出台的《数字孪生流域建设技术大纲（试行）》可以看出，数字孪生流域建设涉及的技术领域众多，建设方法复杂，各技术领域的标准建设面临巨大的挑战。

（1）数据获取与质量

数字孪生的建立需要大量的数据支撑，而流域管理涉及的数据量庞大且复杂，如水位、流量、雨量等。数据的准确性和及时性对于数字孪生的建模和预测至关重要，如何获取高质量的数据成为一个挑战。

（2）数据精度适配

数字孪生流域涉及的数据众多，水利部给出了 L1、L2、L3 级数据底本的导则，但在实际建设及应用过程中，具体数据按什么标准划分精度，应用基于哪种精度数据开展，目前缺乏统一的标准或参考。

（3）孪生体建模

流域全要素和管理全过程具有相当程度的复杂性和不确定性，在建立数字孪生体模型时需要考虑的因素众多。建立可靠和准确的数字孪生体模型是一个挑战。

（4）专业模型接口与管理

水利专业模型相当的复杂,不同流域、不同区域的水文特点也会影响专业模型的定义,如何定义通用化的专业模型接口,实现模型的共用共享,是应用上急需解决的问题。

（5）模型更新问题

流域业务管理过程的状态随时变化,数字孪生模型需要不断更新以保持精度和可靠性,但更新过程需要消耗大量的计算资源和时间,导致数字孪生模型的实时性受到影响。

（6）安全问题

数字孪生模型的建立和运行需要大量的数据和计算资源,但数据和计算资源的安全性存在风险,可能会被黑客攻击或泄露,导致系统的安全性受到威胁。

为了克服这些挑战,需要采取一系列措施,如制定和完善相关标准、加强数据质量管理和提升建模算法等。同时,也需要不断探索和创新,以适应不断变化的市场需求和技术趋势。

## 3.3 技术挑战

数字孪生流域涉及的技术点众多,数字孪生流域应用系统的实用、易用,还面临以下技术问题:

### 3.3.1 多源异构数据未系统化管理

多源异构数据指来源不同,且数据存储结构有差异的各种数据。多源异构数据来自多个数据源,包括不同业务系统、数据库系统和采集设备的数据等。由于多源异构数据存在来源复杂、结构异构等问题,在整合来自多个数据源的数据,屏蔽数据之间类型和结构上的差异的过程会存在一定的困难。具体地,多源异构数据在管理过程中会存在以下问题:

（1）数据来源多样化

流域防洪涉及的数据源众多,包括气象数据、水文数据、水位数据、水库调度数据等。这些数据往往来自不同的数据提供方,数据格式和结构也各不相同。

（2）数据格式和结构不一致

由于不同数据源的数据格式和结构不同，导致数据无法直接进行整合和分析。例如，气象数据可能以文本形式存储，水位数据可能以时间序列形式存储，这些数据需要经过转换和处理才能进行有效的集成和分析。

（3）数据质量不稳定

由于数据来源的不确定性和数据采集过程中的错误，多源异构数据的质量可能存在问题，包括数据的准确性、完整性和时效性等。这给数据的有效管理和分析带来困难。

（4）数据安全和隐私保护需求

由于涉及敏感的水资源和防洪信息，多源异构数据的安全和隐私保护需求较高。需要确保数据在传输和存储过程中的安全性，并遵守相关的隐私保护法规和标准。

（5）数据集成和共享困难

由于数据源的异构性和数据管理的分散性，多源异构数据的集成和共享困难。未定制统一的数据共享、服务共享标准，提供开放性的数据资源注册管理服务、服务资源注册管理服务，促进信息化成果的共享、复用。数据的获取和使用需要耗费大量的时间和精力，限制了数据的有效利用和应用。

### 3.3.2 可视化应用场景构建周期长和困难多

可视化应用场景包括选择合适的可视化工具和技术、设计可视化界面和交互方式等。可视化设计的困难主要包括：

（1）数据的可视化表达

将大量的数据转化为可视化图表或图形是一个挑战性的任务，需要考虑如何有效地表达数据的关系、趋势和模式。选择合适的可视化方式和图表类型，并进行数据映射和视觉编码，需要有设计和领域知识的支持。

（2）用户需求和交互设计

可视化应用场景的设计需要考虑用户的需求和使用场景，需要进行用户调研和需求分析。同时，设计合适的交互方式和功能，简化开发流程，降低开发难度，提供图形化、交互式的低代码开发框架以及快速交付技术体系，满足信息化项目原型系统快

速搭建和交付的需求。

（3）三维可视化场景构建

数字化场景建设包含流域要素、工程要素及其他相关要素的数字化建模,以及数字化模型与物理模型之间的关系映射。目前,数字孪生流域在三维虚拟场景的创建、水利要素建模、图层配置、属性编辑、渲染优化等工作上存在一定的困难。目前尚无基础空间数据工具集,解决超大模型轻量化、模型渲染效果优化、格式转换及数据流转等问题,提升信息化开发效率,以满足 GIS 空间数据、BIM 模型数据等基础空间数据轻量化、效果优化、格式转换、跨应用流转等需求。

### 3.3.3　模拟仿真难度大

数字孪生流域在三维场景模拟仿真过程中遇到的困难主要包括三维模型建设困难、模拟仿真效果不佳、数据更新不及时和技术难度大等方面。

（1）三维模型建设困难

数字孪生流域需要建设大量的三维模型,包括地形地貌、建筑物、水工结构物等。这些模型需要耗费大量的人力和物力资源,同时也需要相应的技术和经验支持。目前,部分水利设施、水工结构模型建设年代较为久远,模型精度不足,同时缺乏整体设计与融合,导致无法满足业务仿真需求。

（2）模拟仿真效果不佳

数字孪生流域需要模拟仿真流域的各种状态和情况,包括洪水、干旱等极端情况,以及日常的调度、运行等。然而,目前模拟仿真效果不佳,无法真实反映实际情况,影响了决策的准确性和效果。

（3）数据更新不及时

数字孪生流域需要不断更新数据以支持模拟仿真的准确性。然而,目前数据更新不及时,导致无法反映流域的实时状态,影响了模拟仿真的效果。

（4）技术难度大

数字孪生流域的三维场景模拟仿真需要大量的技术支持,包括计算机图形学、物理仿真、数据可视化等技术。这些技术难度大,需要高水平的技术团队支持。

### 3.3.4　孪生应用服务缺乏统一的管理平台

数字孪生流域开发涉及多专业协同、跨部门联合、数据共享、模型共享、模型更新、系统更新运维等难点。亟须统一的应用管理平台,提高协同开发效率。

(1)协同开发

数字孪生流域涉及不同领域、不同专业背景的人员进行协同开发。需要提供统一接口和标准,支持各开发团队可以更加方便地进行数据共享、模型交互和协同工作,从而提高开发效率和质量。

(2)服务共享

数据及模型,须采用服务共享方式,实现跨部门、跨项目的使用,避免重复开发和资源浪费。服务共享不仅可以提高开发效率,还有助于建立统一的服务标准和质量体系,提升整体服务水平。

(3)模板化管理

模板化的成果管理方式,可以降低应用开发的难度和复杂性。通过预定义的模板和配置,开发者可以快速构建出满足特定需求的应用,减少了从零开始开发的工作量和时间成本。同时,模板化管理也有助于保持应用的一致性和可维护性。

(4)统一开发环境

基于统一的开发环境,包括开发工具、测试工具、部署工具等。这使得开发者可以在一个统一的平台上完成从需求分析、设计、编码、测试到部署的整个应用开发过程,提高了开发效率的同时,为功能集成提供便利。统一的开发环境还可以降低对开发者技能的要求,使得更多人可以参与到数字孪生应用的开发中来。

## 3.4　人才挑战

数字孪生流域的发展,离不开高端、复合型人才。

(1)缺乏核心软件技术人才

美国和德国等发达国家是数字孪生技术的领跑者。凭借在工业软件、仿真系统方面的技术领先优势,以及在传统工控网络、通信等方面的标准话语权,掌握了大量数字孪生的主导力量。当前各个行业的大量软硬件系统由国外企业提供,核心软件

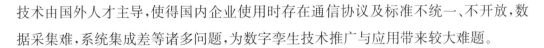

技术由国外人才主导,使得国内企业使用时存在通信协议及标准不统一、不开放,数据采集难,系统集成差等诸多问题,为数字孪生技术推广与应用带来较大难题。

（2）需要标准化研究专业人才

虽然一些国际标准化组织自动化系统与集成技术委员会(ISO/TC184)、IEEE数字孪生标准工作组(IEEE/P2806)、SO/IEC信息技术标准化联合技术委员会数字孪生咨询组等组织正在开展数字孪生标准体系的研究,但尚未有统一的数字孪生具体应用标准发布,这也就导致了集成系统时存在一定的困难。当前需要培养数字孪生标准化研究相关专业人才,着重针对共性基础标准、行业应用标准等进行研究。梳理基础共性标准、关键技术标准,补充人员能力标准。

（3）需要复合型专业人才

数字孪生流域本质上是信息化系统,而流域管理主要是水利领域相关的人才,无论是信息化专业,还是水利专业,其技术涉及的专业知识广泛,很难有在两个领域都具备深厚积累的复合型人才。信息化人才不懂水利,水利专业人才不懂信息化,是数字孪生流域建设面临的主要问题之一。

# 第 2 篇

## 要素·能力·架构

数字孪生流域,狭义来讲,是一种信息化系统,其建设方法可参考借鉴信息化系统的建设方法。系统分析与架构设计对信息系统建设至关重要,数字孪生流域建设需遵循"需求牵引、应用至上、数字赋能、提升能力"的指导原则,结合本流域的需求特点,统筹考虑、夯实基础、突出重点。

流域管理者需通过系统分析,明确本流域数字孪生建设的具体目标及内容,厘清数字孪生流域建设的关键要素和核心能力,评估目标难度、任务优先级、资源情况、技术路线、维护更新方法等因素,从而设计出切实可行的建设解决方案,规避建设风险,保证实施进度,保障数字孪生流域建设成果实用、好用。

合理的架构设计可以提高系统的建设效率,降低开发及维护成本,保证系统运行稳定性、高效性、安全性,支持系统灵活扩展、便捷运维。数字孪生流域是非常复杂的信息系统,因此,为保障系统安全稳定、长效运行,建设部门需基于"立足需求、适度超前"的原则,开展系统架构设计,为数字孪生流域建设打下良好的基础。

# 第 4 章 数字孪生流域关键要素

信息化技术高速发展,特别是人工智能技术日新月异,新的智能模型层出不穷,技术突破不断涌现,人工智能的高速发展,离不开计算机科学中"算据、算法、算力"的快速发展,以及三者之间的耦合创新。

"算据、算法、算力"不仅仅是人工智能发展的核心要素,也是其他信息系统的核心要素。数字孪生流域,是对信息化技术与流域业务的深度融合。对于数字孪生流域建设来说,除了"算据、算法、算力"等基础能力外,还需要考虑如何快速地搭建孪生应用,如何降低孪生系统建设的难度,因此,开发工具("算筹")就成为数字孪生流域建设重要的要素之一。

## 4.1 算力是基础

算力是通过对信息数据进行处理,实现目标结果输出的计算能力。早在 1961 年,"人工智能之父"约翰·麦卡锡就提出效用计算(Utility Compu-ting)的目标。他认为:"有一天,计算可能会被组织成一个公共事业,就像电话系统是一个公共事业一样。"如今,他的设想已经成为现实,算力已经成为像水、电一样的公共基础资源(图 4-1)。

图 4-1  大数据中心机房

### 4.1.1  算力需求强劲

算力是数字孪生流域建设的核心生产力,是水利数智化转型的基石,数字孪生流域建设的每一个层面,如数据处理、智能模型、模拟推演、系统运行、决策管理等,其高效运转及扩展提升,都离不开算力基础。特别是防洪应急等高时效性应用领域,需要强大的算力保障。

(1)数据高效处理

流域数据底板包含大量的多源异构数据,除了简单的结构化文本数据外,还有高精度地形影像、三维实景模型、BIM模型、视频图片等非结构化数据。其数据量大、处理难度高对算力的需求大,特别是针对遥感影像判读、视频监测处理、高精度三维模型计算分析等方面,算力的提升可以显著加快数据处理速度,使得孪生系统能够更高效地分析和响应各种情况。

(2)人工智能模型高效应用

基于机器学习和深度学习的人工智能模型,训练和推理过程需要大量的计算资源。智能模型通过大量的数据样本训练,样本数据的处理需大量的算力支持,同时模型不断地调整参数来优化自身的性能,也需要大量的计算资源,随着模型规模的增大和数据的增多,对算力的需求也会指数级增长。完成训练的模型,在推理计算的应用过程中,对应用的输入数据进行预测或分类的过程,也需要大量的算力支持,尤其是在处理大规模数据或复杂模型时。对数字孪生流域来说,智能模型的应用越深入,对算力的需求越大。

(3)应急处理保障

流域防洪、防凌、水环境污染等应急处理业务,需要数字孪生系统具备高度实时性、多并发处理等能力,算力是系统实时性、并发处理能力的保障。

海量感知数据传输、复杂算法模型运行是数字孪生流域提升实时性的关键,视频、图像等监测数据,其数据量特别大,通过边缘计算技术,在感知端开展图像视频解析、处理后,传输处理结果是目前应用的方向之一,这对感知端算力提出了要求;决策、推演等水利专业模型计算复杂、计算量大,且须实时给出计算结果,需要强大的算力支持。

数字孪生流域通常需要同时处理多个任务和请求,实际业务中更需要反复计算或面对多种情况同步计算,高算力可以提供更强的并发处理能力,使得系统能够同时

处理更多的任务,提高系统的吞吐量和响应速度。

（4）系统可扩展性保障

随着流域管理数字化、网络化、智能化程度的不断深入,数字孪生流域建设对算力的需求将不断增长。数字孪生流域在设计时,需充分考虑后续系统扩展、应用深化等建设,对算力的需求,基于更灵活的技术框架,建设算力基础设施。同时,考虑到应急管理对算力爆发性的需求。设计时,需充分考虑算力余量,应对算力需求峰值时,保障系统的稳定性。

综上所述,算力对于数字孪生流域的重要性不言而喻。强大的算力可以显著提升系统的性能、响应速度和智能水平,从而为流域数字孪生建设提供更好的基础支撑服务。

## 4.1.2　提升算力的手段

有研究表明,全球各国的算力规模与经济发展水平,已经呈现出显著的正相关关系。一个国家的算力规模越大,经济发展水平就越高。大到国家竞争,小到行业发展,提升算力水平,成为保持竞争力的关键。如何提升算力水平,可以从提升计算芯片能力、算力利用率、算力分配等多个方面着手。

（1）高性能运算芯片

算力水平很大程度上取决于计算机硬件设备,主要是计算芯片的性能。我们根据算力输出芯片的不同,将算力分为通用算力和专用算力。通用算力主要基于 CPU 处理芯片,如 X86 架构、ARM 架构的计算芯片,GPU 芯片,A100、H100 等图形处理芯片,能根据需要,处理多样化、灵活的计算任务,但实现单位算力的功耗更高。专用算力一般基于专用集成电路(ASIC)或可编程集成电路(FPGA)等芯片,需深度定制计算软件,用于执行专门任务,性能更高,相对功耗更低,但其定制化程度高,开发周期长,成本相对较高。

（2）并行计算构架

摩尔定律从 2015 年开始放缓,单位能耗下的算力增速已经逐渐被数据量增速拉开差距,算力领域在不断挖掘芯片算力潜力的同时,同时要考虑算力资源调度问题。

并行计算技术是一种同时使用多种计算资源来解决计算问题的方法,其核心思想是通过将大的计算问题分解为多个小的计算问题,并同时在多个处理器或计算机上进行处理,从而充分利用计算资源,显著缩短计算时间。同时,这种并行计算方法扩展性强,可以不断地增加更多的计算节点或处理器,从而进一步提高并行计算的能力。

(3)边—云—端的分布式计算体系

由于业务应用的空间分布、时间分布的不均衡,算力的利用率具有较大的波动性以及分布不均衡的特点。根据 IDC 的数据显示,许多企业分散的算力利用率,仅为10%～15%,存在很大的浪费。

云计算技术,通过物理算力与逻辑算力的分离等虚拟化技术,可协调不同的计算节点,提供高可用性、高性能和弹性的计算资源分布式计算能力。

边缘计算是一种将服务器放置在设备附近的网络技术,它有助于减少系统处理负载和解决数据传输延迟、与云计算依赖中心数据不同,边缘计算将数据在传感器或设备端进行处理,减少了网络传输以及中心服务器的压力,算力分布更加均匀,系统整体效率更高。

由于数字孪生应用对数据维度、实时性的要求,基于边—云—端的分布式计算体系可有效地均衡算力分布,提高算力资源的整体利用率和效率。

## 4.2 算据是驱动

算据即用于表示信息的数据,算据可以是数字、文本、图像、声音等各种形式的数据,信息系统通过对算据的处理来实现各种功能。在信息时代,谁掌握了算据,谁就天然拥有了未来的竞争优势。

数字孪生流域本质上是一种信息系统,离不开数据支撑。根据数字孪生可视化仿真、预测模拟、虚实互馈的需求特点以及数字孪生流域的定义,我们可以总结数字孪生流域的运行模式:通过输入动态数据,如监测数据、设定数据、历史数据、规则数据、计算数据等,驱动数字场景(静态数据)变化,实现"数字化场景"对物理世界的"智慧化模拟、精准化决策"(图 4-2)。因此,可以说,数据是数字孪生流域运行的核心驱动力。

根据水利部《数字孪生流域建设技术大纲》对流域数据底板的定义,其主要包含五类数据:水利基础数据、监测数据、业务管理数据、跨行业共享数据、地理空间数据,其中,水利基础数据、地理空间数据是构成数字场景(静态数据)的主要部分,监测数据、业务管理数据是构成动态数据的主要部分。

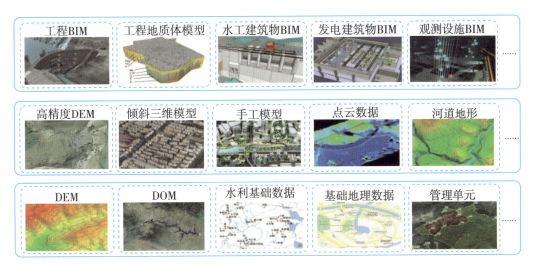

图 4-2　算据清单

## 4.2.1　静态数据

静态数据,是指相对于动态监测数据来说,变化频率比较低的数据。数字孪生流域的静态数据有以下来源:一是物理实体数字化后的数据,主要是实体参数,包含静态的河道、湖泊、水文站点等;二是地理空间数据,包含地形、影像、工程 BIM 模型等;三是规范化数据,如历史洪水数据、行业规范数据、领域知识等。静态数据构成了数字孪生流域的基底,用于构造数字化场景、接入融合动态数据、承载孪生业务应用。

## 4.2.2　动态数据

动态数据指变化频率快的数据,如流域监测数据,包含断面实时流量、水位,集雨面降水量等;二是监控数据,包含监控视频、监控参数等;三是应用反馈数据,包含管理数据、服务调用、应用成效等;四是计算数据,包含模型计算结果、知识推荐等。动态数据构成了数字孪生流域的沟渠,连接了数字化场景的各个对象与模块,贯通流域的业务决策应用。

## 4.2.3　数据驱动

数字孪生的本质在于通过数据驱动,实现物理实体与虚拟模型的实时交互与融合。对于数字孪生流域来说,其驱动模式体现在以下几个方面:

（1）数据驱动数字化场景构造

数据是构建数字化场景的基础,通过收集、整理和分析大量数据,可以建立起真实、准确的数字化场景,为数字孪生提供可靠的环境支撑。数据越丰富,我们描述的数字化场景越丰富,数据精度越高,数字化场景的精度越高。

(2)数据驱动孪生体对象变化

数据可以实时反映孪生体对象的变化。在数字孪生中,孪生体对象是与物理实体相对应的虚拟模型,它们之间的实时交互和映射是通过数据来实现的。当物理实体发生变化时,相应的数据也会发生变化,从而驱动孪生体对象进行相应的调整和优化。

(3)数据驱动模型不断优化

数据可以为机理模型的优化提供依据。机理模型是数字孪生的核心,描述了物理实体的行为和决策规则。通过对大量数据的分析和挖掘,可以发现隐藏在数据中的规律和趋势,进而对机理模型进行优化和改进,提高其准确性和可靠性。

(4)数据驱动业务决策

数据可以为业务决策提供全面、准确的决策依据。在数字孪生中,通过对数据的分析和挖掘,可以发现市场机会、客户需求和业务风险等信息,为企业的战略制定和日常运营提供决策支持。同时,实时数据的反馈也可以帮助企业及时调整业务策略,提高决策的灵活性和适应性。

(5)数据驱动数字孪生流域演变

数据可以驱动孪生体的自演化。在数字孪生中,孪生体具有自适应、自学习和自进化的特性。通过对实时数据的不断学习和分析,孪生体可以不断优化自身的行为和决策规则,从而更准确地反映和预测物理实体的状态和行为。这种自演化的过程使得数字孪生能够不断适应环境的变化和业务的需求。

在数字孪生流域中,数据不仅用于描述物理实体的状态和属性,还用于驱动虚拟模型的行为和决策。这种数据驱动的方式使得数字孪生具有自适应、自学习、自进化等特性,能够根据实时数据不断优化自身行为和决策,从而更准确地反映和预测物理实体的状态和行为。

## 4.3 算法是引擎

模型算法是数字孪生的大脑,是数字孪生模拟、预测、推演的计算核心。数字孪生流域涉及的模型分为水利专业模型、智能应用模型、可视化模型、仿真模型。

### 4.3.1　水利专业模型

根据模型的技术路线,水利专业模型可以划分为机理模型、数理模型、混合模型三类。机理模型基于水循环的自然规律,用数学的语言和方法描述物理流域的要素变化、活动规律和相互关系;数理模型基于数理统计方法,从海量数据中发现物理流域要素之间的关系并进行分析预测;混合模型是将机理分析与数理统计进行相互嵌入、融合,从而描述流域要素的变化、规律、关系。

按具体的应用场景划分,水利专业模型主要有水文模型、水资源模型、水生态环境模型、水力学模型、泥沙动力学模型、水土保持模型、水利工程安全模型等。其中,水文模型主要包括降水预报、洪水预报、枯水预报、冰凌预报、咸潮预报等;水资源模型主要包括水资源及开发利用评价、水资源承载能力与配置、水资源调度、用水效率评价、地下水超采动态评价等;水生态环境模型主要包括污染物输移扩散、水生态模拟预测、生态流量计算等;水力学模型主要包括明渠水流模拟、管道水流模拟、波浪模拟、地下水运动模拟等;泥沙动力学模型主要包括河道泥沙转移、水库淤积、河口海岸水沙模拟等;水土保持模型主要包括土壤侵蚀、人为水土流失风险预警、水土流失综合治理智能管理、淤地坝安全度汛等;水利工程安全模型主要包括水工建筑物应力应变与位移模拟、渗流模拟、建筑物安全评价和风险预警等。

### 4.3.2　智能应用模型

将智能应用模型与水利特定业务场景相结合,可实现对水利对象特征的自动识别,进一步提升水利感知能力。人工智能技术的发展推动了智能应用百花齐放,如基于自然语言处理,催生了语音识别、文字识别、文本生成等智能化应用技术,广泛用于智能教育、智能培训、智能家居等领域;基于计算机视觉,催生了图像识别、图像分割、图像生成等应用技术,在医疗、安保、自动驾驶等领域广泛应用,这些智能模型能够快速、准确地处理和分析大量数据,大大提高了工作效率;通过对数据的分析和挖掘,发现隐藏在数据中的规律和趋势,优化决策;同时智能模型推动产品和服务创新,为用户提供更好的应用体验。

### 4.3.3　可视化模型

可视化模型是一种通过图形化方式动态展示水利工程系统的模拟结果、数据分析和决策信息的工具,将流域各种数据、参数和模拟结果以直观的图形图像方式展示给用户,使得用户能够更好地理解、分析和决策流域管理相关业务。根据不同的数据组织结构和表现形式,可视化模型可分为网格表面模型、材质映射模型、体元模型和粒子模型等。

按数字场景中的要素类型划分,可视化模型可以划分为自然背景、水利工程、机电设备、流场动态、动画模型等类型。自然背景分为自然现象,如天气效果、光照效果、云雾效果、四季变化等;地理场景,如数字高程模型、实景模型、点云模型等;基础地理实体,如行政区划、居民街道社区、建筑、道路、桥梁等。水利基础实体,如河流、湖泊、沟渠、闸泵、水利工程等基础数据。水利工程可视化模型,包含大坝、堤防、电站、监测站点等宏观、中观层面 BIM 模型。机电设备可视化模型,包括水泵、启闭机、闸门等微观层面 BIM 模型。流场动态包括标量场、矢量场和组合展示。动画模型主要包括路径动画、相机动画、水面动画、其他可视化模拟动画等。

### 4.3.4 仿真模型

仿真是一种定量分析方法,仿真模型是指为了研究某一系统或过程而构建的一种模拟模型,通常有物理模型(类似沙盘,本书不做讨论)和数学模型两种,这里我们主要探讨的是数学模型。与可视化模型不同,仿真模型对物理实体、系统、行为、过程进行抽象和简化,模拟的是物理对象的行为特点,以及物理对象之间的关联关系。

仿真模型与机理计算模型及业务决策体系关系紧密,数字孪生流域应用中较为常用的仿真模型有:洪水演进,通过输入降雨数据,或运用水文模型,或计算流体动力学模型来模拟洪水的演进过程,并且考虑河道地形、河床粗糙度、河道断面等因素,计算洪水水位、流速等参数随时间的变化;水库调度仿真,通过模拟水库泄水闸的启闭过程,并同步水库上下游水位、流量等变化,来模拟水库调度策略及调度影响。其他如模拟水流对涡轮的作用,预测涡轮的转速和功率输出,为水力发电工程的设计和运行提供决策支持;通过计算流体动力学模型,模拟河流的流态特性,包括流速、流量、泥沙运输等参数的计算和分析,为河道治理和防洪工程提供参考;模拟水利工程结构物的受力和变形过程,包括大坝、堤防、闸门等结构物的稳定性和安全性分析,为工程设计和运维提供支持;通过模拟降雨、蒸发、入渗等水文过程,以预测水文循环和水资源的供应状态,为水资源管理和规划提供支持等。

## 4.4 算筹是工具

由于流域管理的复杂性,数字孪生流域的建设必将是一个长期迭代、不断优化的过程。水利部给出了"系统谋划,分步实施,统筹推进,协同建设,整合资源,集约共享,更新迭代,安全可控"的建设原则,其核心是成本控制、建设效益的问题。"工欲善其事,必先利其器",为保证数字孪生流域的低成本建设与迭代,需要大量好用的工具(算筹)。

## 4.4.1　数据处理工具

数据处理的效率是影响数字孪生流域整体性能的重要因素,特别是针对视频监控、水文勘测、地理空间等数据的处理,由于是非结构化数据,其处理难度大,且数据本身数据量大、密度高、处理流程复杂,其处理效率较低,成为数字孪生应用系统的瓶颈。

同时,数据处理的能力也决定了数据服务、数据应用的效率。合理的数据处理方式,在提升处理效率的同时,可优化数据的存储模式、数据索引,从而提升数据在应用调度时候的效率,提升系统的整体性能。数字孪生流域涉及的数据处理工具包括以下几个方面:

(1)地形影像处理工具

流域关注的核心要素是水系,由于水体的物理特性,河流、湖泊等水系的地形数据、影像数据在采集时,天然存在误差,需要地形影像工具对水体、水下、水体周边的地形影像融合处理。同时考虑到数据共享、需要符合国家标准的地形影像服务发布能力。

(2)矢量处理工具

矢量点、线、面是数字孪生流域的基础数据。由于数据采集精度不同,矢量数据精度与应用需求存在差异,因此矢量数据需要相关的内插与抽稀工具。同时考虑到数据共享、需要符合国家标准的矢量服务发布能力。

(3)实景模型工具

实景模型数据量大,数据质量分布不均匀,不具备单体化特征,实景模型处理工具主要解决上述问题。

(4)点云模型工具

点云模型一般通过激光扫描或立体测绘方式获取,在流域管理中,点云需进行坐标匹配、对象分割等操作后运用。

（5）BIM 模型工具

BIM 模型一般基于设计软件制作，是数字孪生流域的关键数据之一。BIM 模型由于格式各异、坐标系不统一、数据量大、材质信息欠缺、属性复杂，在应用中存在各种问题。BIM 模型工具解决格式转换、坐标统一、属性匹配、轻量化、美观化等问题。

（6）视频处理工具

由于视频数据量巨大，传输存储成本高，同时视频作智能识别，智能监测的原始数据需根据需要优化，因此对视频数据，需提供压缩、裁剪、图像增强等相关操作。

（7）语音工具

语音数据是非结构化数据，为满足语音存储与应用的需求，需实现语音数据转换为文本，以及文本转换为语音等功能。

（8）数据清洗工具

根据标准数据规范，对入库数据的格式、规范开展审查与清洗，保证数据的完整性、一致性、标准化，提升数据质量。

## 4.4.2　模型管理与应用工具

数字孪生流域涉及众多的模型数据，如水利专业模型、可视化模型、仿真模型等，不同模型其数据结构、接口调用方式、部署方式、模型归属都可能存在差异，增加了管理和应用难度。而且随着数字孪生流域建设的不断深入，模型的数量也将不断增加，如水利专业模型，针对某个中小流域的专业模型，按不同技术方案、应用场景、建设时期，可能就存在几百个，可视化模型、仿真模型也存在多版本、多时期的问题，因此，亟须一个统一的模型管理与应用发布工具，协调不同来源、不同结构、不同版本的模型数据与服务，提升模型管理和应用的效率。

## 4.4.3　孪生体建模工具

孪生体建模是数字孪生流域建设的关键，孪生体模型是数字化场景模型驱动的基础。基于孪生体模型，数字孪生完成物理实体的虚拟化建模，以及虚拟实体与物理实体之间的映射，孪生体对象描述物理实体的基础属性、几何属性、业务属性，定义了物理实体的物理模型、行为模型、规则模型。基于孪生体模型，可精确模拟物理实体的各种属性和行为，从而反映实体的实时状态，实现对未来状态的预测；通过虚拟环境中的各种测试和验证，规避实际环境中可能产生的高昂成本和风险，低成本对潜在问题进行及时的识别和调整。

数字孪生体模型不仅是基础单元模型建模，还需从空间维度上通过模型组装实现更复杂对象模型的构建，从多领域、多学科、多角度模型融合，以实现复杂物理对象各领域特征的全面刻画。为保证数字孪生模型的正确有效，需对构建以及组装或融合后的模型进行验证，来检验模型描述以及刻画物理对象的状态或特征是否正确。若模型验证结果不满足需求，则需通过模型校正使模型更加逼近物理对象的实际运行或使用状态，保证模型的精确度。此外，为便于数字孪生模型的增、删、改、查和用户使用等操作以及模型验证或校正信息的使用，用户需要一套简单易用的孪生体模型管理体系。建好的孪生体模型，需要转换为可编码、可运行的开发组件，为数字孪生应用提供功能支撑。综上所述，在数字孪生流域建设过程中，需要一套包含模型构建、组装、融合、验证、修正、管理在内的孪生体建模工具。

## 4.4.4 数字化场景构建工具

数字化场景是开展数字孪生应用的基础，数字孪生流域平台，需通过构建数字化场景，整合数据底板各类数据，为应用提供场景支撑；孪生体模型也需要通过数字化场景，完成"孪生体模型—数据—物理实体"之间的映射，实现虚实映射互馈。

目前，数字化场景建设并没有成熟的工具，我们通过 ARCGIS、超图等 GIS 平台可以构建 GIS 场景；基于 Revit、Bentley、Catia 等 BIM 平台构建 BIM 场景；基于 Solidworks、Catia Simulation 可以构建仿真场景，但针对数字孪生，缺乏一个统一的、集成的场景构建工具。亟须一套针对数字孪生数字化场景的建设工具，用于融合 GIS、BIM、仿真、三维可视化功能，支撑数字孪生场景创建、数据配置、属性设置、样式调整、动画制作、相机管理、渲染效果优化等功能，提高场景建设的效率。

## 4.4.5 应用敏捷搭建工具

需求快速确认、业务快速开发、系统快速迭代、成果快速部署是提高数字孪生流域建设效率，降低建设成本的关键。针对不同业务需求，通常需要开展细致的需求分析与系统设计，由于专业背景差异以及业务需求的复杂性，需求沟通往往耗时久，且容易出现偏差；沟通好的需求，如何快速开发出原型系统，快速上线部署，试用反馈，并根据反馈结果，快速迭代更新，也是孪生系统能高效建设的重要因素。

针对上述业务系统快速搭建需求，需要一套系统快速开发工具，整合数据底板、数字化场景、模型平台、知识平台的能力，形成可协同开发的集成化开发平台，降低开发难度，提高开发效率，支撑孪生业务系统的快速开发。

# 第5章　数字孪生流域核心能力

## 5.1　物联感知与操控

物联感知与操控,是指通过各种信息传感器、射频识别技术、全球定位技术、红外感应、激光扫描、应力监控、湿度监测等各种装置及技术,实时采集需要监控、连接、互动的物体或过程,采集声、光、热、电、力学、化学、生物、位置等信息,通过各类网络(窄带、宽带)接入,实现物与物、物与人的泛在连接,实现对工程、设备、管理过程的智能化感知、识别、管理和控制。

通过感知能力建设,建立物理流域和数字孪生流域之间的实时映射,实现对流域管理与运行状况的精准掌控。物联感知与操控能力包括以下几个方面:

(1)全息感知

全息感知,即对流域全要素、业务管理全过程的多维度、多时相、多尺度、高细粒度的感知。其中,多维度指感知的参数涉及流域的多个物理分量或业务分量;多时相指需感知的物理分量或业务分量根据需要,按不同的时间间隔采集,并覆盖完整的业务周期;多尺度指空间精度上,根据感知的物理分量的不同,应用不同的空间精度;高细粒度指感知对象,须按细粒度管理的要求,细分到最小管理或业务单元。

(2)态势感知

通过对感知数据的分析与统计,预测流域要素的变化。态势感知是基于一组或一类感知数据,统计其历史数据,结合实时信息,预测未来的发展态势,如雨情态势感知,通过气象信息,预测未来可能的降雨情况;水情态势感知,通过降雨信息,结合当前流域各监测站点水位、水量信息,预测未来某一时期的水情态势,态势感知是预报、预警的基础。

(3)远程操控

基于态势感知的预测结果,结合流域管理决策,控制流域实体要素做出反馈。可操控的流域实体要素包含水库、蓄滞洪区、洲滩民垸、闸门、泵站等,数字孪生虚实互馈体现在孪生系统与工控系统的对接,在充分授权情况下,孪生系统基于决策方案,自动分发相关调度控制指令,并收集反馈信息,形成感知—预测—决策—操控的业务闭环。

## 5.2　数据融合与治理

数字孪生流域中数据融合与治理是一个复杂而重要的过程,需要以流域管理要素为纽带,汇聚融合流域时空感知数据、水文监测数据、工程运行数据、流域管理数据,为数字孪生流域提供高时效、高精度的统一时空数据底板,赋能流域水旱灾害防御、水资源调配、河湖治理等业务应用,包括以下核心能力:

(1)多源数据汇聚

根据数据类型,按类型构建统一的数据标准,如格式、属性、坐标、存储模式、元数据描述等。基于统一的数据规范,提供对不同来源数据的收集、整理、转换、存储与管理等能力。

(2)异构数据融合

异构数据融合是数据底板建设的重点和难点,其融合主要包括两个方面:一是空间融合,基于高精度地理空间数据基础,实现水利基础数据、感知监测数据、流域管理数据、跨行业共享数据的空间融合;二是语义融合,基于流域要素的孪生体模型,构建统一的语义映射与管理体系。

(3)数据治理

数据治理包括数据质量管理、数据目录管理、数据标准管理等方面。通过制定合理的治理策略和规则,可以确保数据的准确性、一致性和可用性,为数字孪生流域的高质量运行奠定基础。

(4)数据服务与共享

数字孪生流域要依托国家和水利行业已有的数据共享交换平台,实现各类数据在各级水行政主管部门之间的上报、下发与同步,以及与其他行业之间的共享,包括地图服务、数据资源目录服务、数据共享服务和数据管控服务等。

(5)数据可持续快速更新

数据快速更新需充分考虑应用需求与数据特点,确保数据更新的可持续性:一是更新成本低,保证更新可长期持续开展;二是更新需保证数据的完整性和一致性;三是更新频率应以业务应用需求优先,需求大的数据、关键的数据优先更新。针对水利基础数据,其优先级高,更新频率低,可采用实时更新方法;感知监测数据本身具备较强的实时性,其更新频率即数据的回传频率;运行管理数据基于系统日志即可实现更新,可采用日更或周更的模式;地理空间数据采集成本高,但变化频率相对较低,可采取增量更新模式,针对变化较大区域或重点关注区域,采取小范围采集、增量更新融合的方式开展;跨行业共享数据,建立数据更新推送机制,做到更新可知、应用可切换。

（6）数据安全保障

数据安全是国家战略,数字孪生流域应高度重视数据安全体系和保障能力建设。按科学性、稳定性、实用性和扩展性原则,开展数据分类分级,并严格按照《信息安全技术网络安全等级保护实施指南》(GB/T 25058—2019 )开展数字孪生流域建设。应在数据采集、存储、使用、加工、传输、共享等全流程开展数据安全风险监控。

## 5.3 全要素数字化表达

数字孪生流域对全要素建模与数字化表达提出了新要求。传统的流域信息化,在空间表达上大体都停留在二维平面,基于二维平面地图,叠加业务图表、水利专业信息等,由于技术约束,其表现的要素内容和表达形式存在一定的局限性。随着三维技术的发展,如三维地形、实景模型、BIM模型,三维数字化表达逐渐增多,BIM＋GIS的水利三维应用成为热点,基于水利三维场景,可以表达地形起伏、历史影像、BIM模型等信息,然而大部分BIM＋GIS系统仍然停留在可视化层面,可视化模型细分粒度不够,无法表达局部、精细的对象,对视频监控、语音播报、人员设备等无法做到细粒度、实时化,达不到数字孪生精确映射、实时赋息的要求。

全要素数字化表达,需要通过对流域关注的所有要素,自然层面、业务层面,空、天、地面、地下、水下、工程、设备等不同层面、不同级别的对象采集数据,进行数字化和语义化建模,实现由粗到细,宏观到微观不同粒度、不同精度的虚实映射。细分尺度依照流域以及工程数字孪生功能建设需求,以满足"四预"功能为核心,将河段、水面、岸线、监测站点、库区、坝区、设备、人员等物理要素按具体业务应用、管理、可视化等需求数字化。

在要素表达方面,除了三维空间渲染外,统计图、统计表、视频、音频、动画、文本等各类表达方式,根据业务需求,与要素对象实时关联,并基于三维空间赋息,实现业务数据表达与底板三维可视化相融合,增强数字孪生场景的可解释性。传统业务模型往往以统计图、统计表、标注、文字等形式进行表达。随着技术进步,视频、图片、语音、数字人等形式表达逐渐兴起,基于视频、语音的模式更贴合人的交流习惯,给用户更好的体验。

## 5.4　模拟仿真与推演

在数字流域模拟仿真,在物理流域执行,规避风险、降低成本,是数字孪生流域价值的真正体现。在数字孪生流域中,运用模拟仿真技术,可进行自然现象的仿真、物理规律的仿真、人群活动的仿真、水旱灾害的仿真、工程运维的仿真等,为流域管理、灾害防御等制定科学的决策。

目前,利用计算机进行模拟仿真的主要技术有:有限元分析法(Finite Element Analysis,FEA)、计算流体力学(Computational Fluid Dynamics,CFD)和多物理场耦合仿真等。有限元分析利用数学近似方法对真实物理系统(几何和载荷工况)进行模拟,通过简单而又相互作用的元素,用有限数量的未知量去逼近无限未知量的真实系统,在水利工程安全监测、水文地质分析等领域有广泛应用。计算流体力学通过计算机和数值方法来求解流体力学的控制方程,对流体力学问题进行模拟和分析,水动力学模型即基于计算流体力学构建,应用于洪水演算等。多物理场耦合仿真可对现实工程中温度场、应力场、湿度场等多个物理场之间的相互作用进行仿真分析,仿真结果更接近现实。

仿真技术正向对象化、网络化、智能化、虚拟化方向发展。

(1)对象化仿真

从人类认知模式出发,使问题空间和求解空间相一致,使得仿真过程更自然直观,且具可维护性和可重用性。

(2)网络化仿真

基于感知网络,采集汇聚仿真场景的实时状态,从而提高仿真过程的实时性。基于计算机网络,将分散在各地的仿真设备互联,构成互相耦合的仿真环境,为多部门协同提供支撑。

(3)智能化仿真

以水利知识为核心,以规范化的业务流程为基础,将仿真建模与智能技术相结合,实现按规则的智能化仿真。

（4）虚拟化仿真

综合仿真技术、计算机图形图像技术、传感器技术、人体工程互馈技术,可以在逼真的视景和操作模拟环境中,进行人机交互度很高的仿真实验和演练。

## 5.5　孪生系统自我演化

随着技术的不断进步、应用的不断深入,数字孪生也将不断演化发展。有田锋撰写的《工业软件沉思录》中,将数字孪生比作有社会性的生命体,不断演化完善。也有学者将数字孪生体的进化过程,抽象为数字孪生体成熟度模型,并将其划分为数化、互动、先知、先觉和共智等几个过程。对数字孪生流域来说,构建数字化场景,形成"四预"决策体系,即初步完成了数化、互动、先知、先觉、共智等能力的建设,而数字孪生流域走向成熟应用,仍然需要不断演化。

（1）数据驱动的演化

随着采集的数据维度更多、数据量更大、数据时序更完整,对数据的分析和统计,更容易暴露流域管理中存在的风险、隐患,更容易揭示流域运行的客观规律,从而驱动业务管理的不断优化。基于数据挖掘和大数据分析,还可以驱动水利模型库、知识库的不断优化。

（2）模型优化

通过对模型的持续优化和改进,数字孪生体可以更加准确地反映物理世界的真实情况,并提高自身的预测和决策能力。模型的优化可以包括参数调整、结构改进、算法优化等方面。

（3）知识积累

数字孪生流域在运行中,会不断积累知识和经验。这些知识和经验来自对历史数据的分析、对用户行为的观察、对市场趋势的预测等。通过对这些知识和经验的积累、应用,数字孪生体可以更加智能地应对各种复杂情况,提高自身的适应性和灵活性。

（4）自主学习

数字孪生体的自我演化还需要具备自主学习的能力。通过自主学习,数字孪生体可以不断发现新的知识和规律,改进自身的模型和算法,从而实现更高级别的智能。自主学习的方法可以包括深度学习、强化学习、迁移学习等。

# 第6章　数字孪生流域系统架构

## 6.1　总体架构

围绕数字孪生流域防洪、水资源管理与调配以及 N 项业务应用的流域智慧管理体系建设目标,基于统一的智慧水利建设系统架构,充分考虑流域综合监测、流域安全防御、水资源调配、水生态安全保障等业务集成,提出了包括流域感知、数据底座、孪生引擎、模型平台、知识平台、数字场景搭建、集成开发服务、水利业务应用等内容的数字孪生流域建设系统架构(图 6-1)。

### 6.1.1　实体流域

数字孪生流域构建的物理实体包括流域内的江河湖泊、地形下垫面、集雨面等自然地理基础,枢纽、水库、闸站、泵站、引水渠、蓄滞洪区等水利工程,降雨监测、水文监测等相关设备,河道、岸线等涉水治理管理对象,流域上下游影响辐射区域及周边社会经济相关对象。实际应用时,流域物理实体可根据业务管理需要,进一步拆分细化或合并组合。

### 6.1.2　信息基础设施

信息基础设施包含提供实时算据的流域感知体系,用于提供存储、计算、系统运行等算力的云平台,以及数据传输网络。

(1)感知体系

传统水利信息采集包含雨情监测、水情监测,以及少部分水生态监测等。随着技术发展,视频监控、无人机监测、航空航天遥感监测等也纳入了流域监测感知体系,部分流域已经初步形成天—空—地—水工一体化的流域综合感知监测体系。数字孪生流域建设要求进一步完善天—空—地—水工一体化的水利信息综合采集体系, 优化

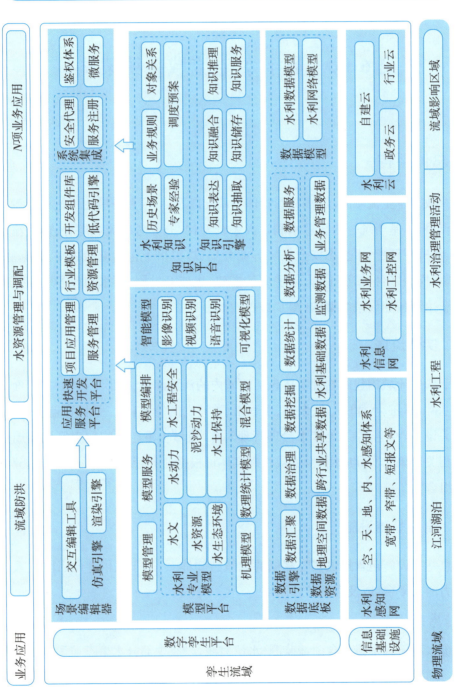

图 6-1 数字孪生流域系统架构

站点布局,建立稳定的、多尺度的遥感信息获取机制,扩大物联网、视频、无人机监控覆盖及无人船虚拟航行范围,目标是实现流域监测的全覆盖、全天候、全时相,以及自动化、无人值守。

（2）云平台

云平台为数字孪生流域提供算力基础,提供对网络、存储、计算等基础信息化基础设施的集成化管理,从而实现算力资源的优化配置与精细化管理。云平台建设有自建、水利政务云、商业租赁等多种形式,由于水利行业的保密要求,以自建云或水利政务云为主。随着流域感知能力的不断提升,以及人工智能技术、仿真模拟技术在数字孪生流域中的应用,对信息传输、存取、计算等资源需求更高,在云平台建设时,应遵循"统筹规划、集约共享、适度超前"的原则,为技术更新提供余量。

（3）信息网

水利信息网采用无线互联网（4G/5G）、运营商专线、自建光纤等通信方式,连接带宽应满足服务调用和数据共享的需求,并需严格按照国家信息安全相关政策法规建设。按网络需求,可将水利信息网再划分为两类:一是水利业务网,主要用于水利监测感知数据传输、水利业务连通与信息流转、数据与服务共享发布等,数字孪生流域应接入业务网,实现各相关单位与部门之间的水利业务交互;二是工控网,用于现地设备的远程数据采集和水利工程控制,工控网具备较高的安全要求,通常采用安全分区的方式,构建网络专线,将控制区与管理区分离,分区内部的不同安全区边界部署防火墙进行逻辑隔离,设置访问控制、安全过滤等策略。

## 6.1.3　数字孪生平台

数字孪生平台是水利业务数字化建设的技术基础。根据水利部《数字孪生流域建设技术大纲（试行）》,数字孪生平台一般包含数据底板、模型平台、知识平台、孪生模拟仿真引擎等。在实际建设中,数据底板、模型、知识、引擎等还需要通过有机的集成开发,才能实现水利业务,这其中比较重要的集成工作包含孪生场景构建、应用服务集成等。本书在《数字孪生流域建设技术大纲（试行）》的基础上,扩展了数字场景编辑器、应用服务平台等模块。

（1）数据底板

借助无人机航拍、雷达、卫星遥感、自动采集、人工监测、应急监测等天—空—地—水工一体化感知网,打造集基础数据、监测数据、业务管理数据、跨行业共享数据、地理空间数据以及多维多时空尺度等于一体的流域数据底板,将流域影响区域内的自然地理、经济社会和生态环境的历史和现实状态映射到信息空间。按照数字孪生流域集成创新建设需求,集成流域多源异构数据,按照"规范—汇集—治理—计算—共享"流程进行数据管理。

（2）模型平台

模型平台是一个集模型管理、开发、调试、发布为一体的系统,各流域可根据自身特点,研制开发具有流域特色的水利专业模型、智能识别模型、可视化模型,并基于数字模拟仿真引擎开展建模、参数率定、生产应用。

（3）知识平台

知识平台主要提供知识建模、知识抽取、知识融合、知识存储、知识计算及知识服务等功能。有别于传统的知识库或专家库,数字孪生流域知识平台需围绕数字孪生流域水利业务科学精准调度管理,以水利知识图谱、历史案例、专家经验和预报调度方案等为核心内容,从而实现水利知识和治水经验的沉淀,建成可自优化、自学习的知识平台。

（4）数字孪生模拟仿真引擎

数字孪生模拟仿真引擎提供高精度、高仿真、低延时的高性能渲染能力,支持大范围高精度地形模型、倾斜实景模型、高精细 BIM 模型、大批量矢量数据的高效加载与实时三维渲染,支持动态水面、洪水演进、天气效果、光照效果等高动态仿真,支持场景刚体对象、数字化映射和流体对象的运动仿真与变化模拟。

（5）数字场景编辑器

数字场景是数字孪生流域虚拟空间的基础,数字场景编辑器基于可视化仿真引擎,提供交互式的图形应用场景编辑工具,支持数字孪生场景创建、数据配置、属性设置、样式调整、动画制作、相机管理、渲染效果优化等场景编辑功能。主要包括可视化模型建设、渲染引擎、仿真引擎、数据编辑工具、模型资源库等部分。

（6）应用服务平台

应用服务平台围绕通用化的数字孪生应用系统快速开发与持续交付的建设目标,以图形化、可视化、交互式的方法,为技术工程师提供功能齐全的集成开发框架,跨专业协同开发环境,便捷易用的开发工具集,辅助技术工程师更专注于业务开发与优化。其主要建设内容包括:低代码开发引擎、场景要素管理、服务资源管理、行业应用模板库、成果发布和部署、自定义拓展开发等模块。

### 6.1.4　标准规范体系

数字孪生流域建设涉及多专业、多部门、多地区的共建共享,统一的建设标准和规范是保障数字孪生流域建成好用并不断优化完善的基础。其中,标准规范体系主要包含孪生数据标准、数字孪生平台标准、模型服务标准、网络连接标准、系统集成标准,以及安全规范等。

### 6.1.5　安全保障体系

根据国家政策法规,数字孪生流域整体需按信息安全二级标准建设,其中,重点工程和河段需按信息安全三级标准建设,因此,安全保障体系是数字孪生流域建设的重要内容之一,其主要包括安全物理环境、安全通信网络、安全区域边界、安全计算环境以及安全管理中心等。

## 6.2　逻辑架构

数字孪生流域是一系列技术的集成融合创新应用,是信息化技术和水利业务的深度融合。根据流域数字孪生构建需求,其整体逻辑架构可划分为一个基础、五个层次。其中,一个基础是贯穿数字孪生流域的系统安全。五个层次分别是:感知层,用于流域物理参数与要素状态的实时获取;边缘计算层,针对视频、图像等大批量栅格数据的信息冗余,在监测端实时计算并返回结果,减少数据传输量以及中心服务器压力;数据传输层,针对各类数据传输与指令通信;数字孪生流域平台层,包含中心服务器、数据底板、模型知识平台、孪生引擎、开发工具等一系列软件、硬件、数据、算法的集成平台;数字孪生应用层,主要指各类数字孪生业务应用,包含系统及应用终端。数字孪生流域整体逻辑架构见图6-2。

（1）感知层或数据获取

感知层或数据获取主要用于流域断面监测、流域生态监测和流域环境监测,是将物理过程转化为数字信号的流域"神经末梢"。通过部署在流域端的水文、水质及水环境等各种传感器实时获取多源或多维度数据,表征观测对象的动态特性。

（2）边缘计算层

边缘计算层主要为流域断面数据、流域生态监测数据和流域环境监测数据提供针对性的应用数据汇聚、轻量级局部存储和处理以及智能应用,构成数字孪生流域的

"低位神经中枢"。

图6-2    数字孪生流域整体逻辑架构

（3）数据传输层

数据传输层是数字孪生流域中实现流域边缘计算和数字化流域平台的通信桥梁，是支撑流域多源数据在边缘计算节点与数字流域平台之间双向流动的必要保障。

（4）数字孪生流域平台

数字孪生流域平台包括流域数据智能（大数据模型、数据分析和数据处理）、机理模型（机理推演和模型算法）、算力网络（存储、计算和云边协同）以及集中式复杂数据或模型处理。

（5）数字孪生应用

数字孪生应用是构建面向水利专业应用的服务平台，主要包括流域防洪、水利工程安全管理、应急管理、资源管理、生态管理和虚拟孪生，具备预报、预警、预演、预案功能。

（6）系统安全

系统安全贯穿数字孪生系统，保障流域各种传感器接入、边缘计算、数据传输、流域数字平台和流域智能应用全过程网络信息安全及流域关键基础设施安全。

## 6.3　业务架构

根据数字孪生流域应用场景特点,在数字孪生流域顶层设计中提出全流域场景统一的数字孪生流域三角形设计模型(图 6-3)。端、边、云数字孪生流域三角形设计模型体现了流域业务处理过程时效性、精确性、全面性等多方面的综合统筹均衡。

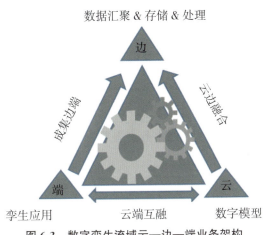

图 6-3　数字孪生流域云—边—端业务架构

(1)端——孪生应用终端

端指数字孪生的应用终端,数字孪生流域是集成的综合业务系统,涉及的业务部门众多,其应用具备移动办公、办公会议、决策会议等多种形式,因此其终端包含公办电脑、智能手机、智慧大屏等。针对不同的应用终端,数字孪生应用的呈现方式略有不同,需根据实际情况开展。

(2)边——流域感知计算节点

针对流域全要素感知监测的需求,在感知前端需部署满足数字孪生流域需求的多维度、多尺度传感器,以获取流域实时感知数据。流域传感器包括监控摄像头、无人机巡检等视频信息采集器,水位、流速、流量、雨量等水文监测设备,水质、水生态等水环境监测设备。新型的感知节点小型化、集成化、智能化程度越来越高,采集维度和采集精度的发展,导致数据量越来越大。传统的数据传输模式与数据处理模式逐渐满足不了应用的需求。

边缘计算技术,根据数字孪生流域数据获取的需求,结合流域场景大范围、长距离、环境复杂、全流域数据获取困难的特点,在全流域中设置流域特征点(边缘计算特征感知节点),获取全部流域感知特征节点数据,然后把所有感知特征节点数据汇聚到云端。这些数据既能间接反映出全流域的特征,也是数字孪生流域的直接映射数据。流域感知特征节点的配置可以根据节点位置、通信环境的差异而有所不同。对实时性要求不高,运算量不大的感知数据,可以直接在设备端开展数据处理与过滤,对集成化感知设备或运算量大的感知数据,可基于特征节点的处理能力进行数据边端处理。

（3）云——流域数字模型

云即数字孪生流域的存储中心、计算中心、应用中心,通过流域数据底板、感知特征节点汇聚的实时监测数据,结合流域全要素孪生体模型及水利专业模型,实现流域物理空间到数字空间的动态映射,从而构建一体化流域数字模型,实现基于数据驱动的智能化数字孪生流域。云端数字孪生流域,提供统一的数据汇聚、存储、应用接口,标准化的模型与知识服务,规范化的业务交互机制,从而支撑流域各业务跨平台、跨终端的应用及"四预"智能业务管理。

## 6.4 物理架构

物理架构事关数字孪生流域信息化基础设施建设与信息安全保障,需遵循"安全分区、网络专用、横向隔离、纵向认证"的基本原则。监测感知网、业务应用平台、运管中心、业务管理系统、办公网需部署于不同的网络分区(图6-4),分区之间需设置防火墙、通信安全监测等设备,进行逻辑隔离,实现访问控制策略、安全过滤等功能。同时需对网络中的实时流量进行监测,及时发现网络攻击、异常操作等行为,加强网络边界的访问控制和安全审计。

水文监测、视频监控等感知数据通过感知专网传输至业务应用平台服务器,业务应用系统、运管中心与业务应用平台之间通过高性能交换机通信,应用系统与业务平台之间设置防火墙保障安全。

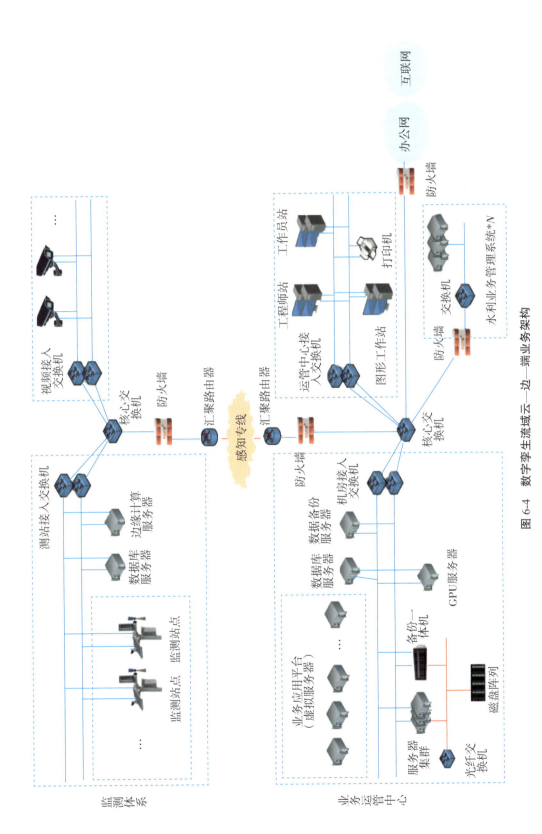

图 6-4　数字孪生流域云—边—端业务架构

# 第 3 篇

# 感知·数据

数字孪生流域充分利用传感器更新、物理模型、运行历史等数据,集成多学科、多物理量、多尺度、多概率的仿真过程,构建数字化虚拟流域,实现现实世界与虚拟空间的实时映射。简而言之,现实世界的信息感知与数据映射是数字孪生流域解决方案的基石。

在这一部分中,我们将详细讨论流域感知体系和数据底板的建设。在感知技术方面,数字孪生流域相关建设主要依赖于传感器监测设备和遥感等新型监测技术,实现对流域水文、气象、水质等数据的实时采集和监测。在此基础上构建高效的水利监测站网管理方式,汇集大量检测站点实时采集和监测的流域数据,为水利管理和决策提供全面、准确的信息。在数据底板方面,利用数据整合和数据引擎等技术手段,对感知设备数据以及其他流域数据进行清洗、整合和分析,实现对流域水文、气象等趋势的预报和预警。基于数据汇聚和数据治理等技术获得有价值的潜在信息,支撑各部门的数据共享和业务应用服务,实现对流域的精细化管理和决策支持。

# 第 7 章　感知体系

## 7.1　流域感知要素

数字孪生流域建设以充分利用现有感知数据和根据实际需求补充数据相结合的方式，实现水文监测、工程安全监测、设备状态监测、环境监测等多元化业务数据的整合与利用。通过传感器、遥感监测、无人机监测、视频监视等技术手段，对流域内的水文、水质、气象、土壤、冰凌、工程安全等关键指标进行全面、准确、实时的监测，确保流域管理决策的科学性和工程安全运行的稳定性。根据流域监测的业务体系，可划分为以下的感知要素：

（1）水文监测

数字孪生流域应用涉及对江河、湖泊、渠道、水库等水体的水位、流量、水质、水温、泥沙、冰情、水下地形和地下水资源，以及降水量、蒸发量、墒情、风暴潮等开展实时监测。为实现高精度、高频率的监测，须集成水文仪器测量、水文站网、水文调查、历史资料研究、遥感技术、水文模型和数学模拟等技术手段，对流域内的水资源分布、水环境状况进行实时监控，为水资源管理和保护提供决策依据。

（2）工程安全监测

工程安全监测以水利工程各类建筑为对象进行监测，包括各类大坝、泄水及消能建筑物、发电引水建筑物、发电厂房、通航建筑物、边坡工程、引调水工程等，在水利信息化中扮演着至关重要的角色。以下是对主要监测内容的详述：

变形监测主要涉及对建筑物、土壤或者地形的几何形状和大小进行定期测量。使用全球定位系统（GPS）和各种传感器，如激光雷达（LiDAR）、结构健康监测系统（SHM）等，可以精确地获取这些数据。数据经过处理和分析后，可以揭示出变形的原因，如土壤液化、水流冲刷等，从而预测未来的变化。

应力应变监测是为了了解结构在受到外力作用下的响应，可以通过在结构内部安装应变计和应力传感器来实现。主要包括结构内部应力应变监测、支护工程应力应变监测和温度监测等。

渗流渗压监测主要是通过安装传感器和数据采集系统,对水利工程中的土壤湿度、地下水位、水流渗透压力等参数进行实时监测和数据采集。一般采用土壤湿度传感器和地下水位传感器监测土壤湿度和地下水位的变化,数据采集器将传感器采集的数据进行集中采集和处理,处理后的数据可以用于建立水利工程的安全监测预警系统,对水利工程的安全运行进行实时监控和预测,及时发现和解决潜在的安全隐患。

地震反应监测通过在水利工程周围设置地震监测仪器,对地震活动进行实时监测和分析。这些数据可以用于研究地震对水利工程的影响和危害,以及预测地震可能带来的次生灾害。地震监测仪器一般采用地震仪或地震预警系统,地震反应监测数据可以用于建立水利工程的地震安全评估和预警系统,对地震可能带来的危害进行实时评估和预测,及时采取应对措施,保障水利工程的安全运行。

水力学监测是对水流物理性质和运动规律进行监测、分析的过程。在水利信息化中,水力学监测一般通过在流域内设置水文站、水工建筑物测压设备等装置来实现。这些装置可以实时监测水的流量、流速、水位等参数的变化情况,主要由水位计、流速仪、压力传感器等设备组成,一般被安装在河流两岸、湖泊和水库周边等关键区域。水力学监测数据被广泛应用于洪水预测与控制、水资源调度与管理以及水环境治理等方面,通过对水力学数据的分析可以更准确地预测和控制洪水,优化水资源配置提高用水效率,评估和改善水质为水生态环境提供保障。

环境量监测的目的是掌握环境量的变化对建筑物监测效应量的影响,主要针对流域内的气象、水质、生态等环境因素进行监测,包括大坝上下游水位、降水量、气温、水温、风速、波浪、冰冻、冰压力、坝前淤积和坝后冲刷等,这些设备可以实时监测空气质量、水质污染程度、生物多样性等环境参数的变化情况。

（3）设备状态监测

设备状态监测技术是一种对水利工程监测设备进行连续或周期性的定性或定量测试、分析和辨识的技术,旨在确定设备所处的客观状态并监测异常。该技术可以在不中断设备正常运行的情况下进行,通过采集设备的运行数据,结合历史运行状态,运用计算机图像分析、数据挖掘等技术手段,对设备性能进行深入分析,预测设备可能出现的故障,提前制订维修计划,减少设备停机时间,提高设备利用率和可靠性。同时,通过设备状态监测技术,企业可以更加精确地了解设备的使用状况和维护需

求,优化维护计划,减少不必要的维护成本,提高企业的经济效益。

（4）环境监测

环境监测是通过监测小气候、水文环境、水质变化、河道淤积、生态演变等对环境质量变化等影响因素,及时发现和解决潜在的环境问题。在工程建设管理系统中,环水保监测子功能通过采集和实时传输环水保监测数据,对工区内的环境和水资源进行全面监管。通过大气环境、固体废物等监测数据,可以评估工程对环境的影响,制定针对性的保护措施,确保水利工程与环境保护的协调发展。

（5）人员监管

针对水利工程建设中的复杂环境和漫长工期,推荐采用先进的 BIM-UWB 定位系统,结合智慧工地平台和智能视频分析技术,实现对施工人员的全面监管。这种管理方式利用 BIM 模型与实际工地的精准对应关系,对人员位置进行高精度定位,并利用 UWB 技术实现厘米级的三维定位。智慧工地平台则提供全面的施工管理和调度功能,包括人员考勤、任务分配、工作状态监控等。智能视频分析则对施工现场进行实时监控,自动识别异常情况并触发告警,确保施工过程的安全。通过这种管理方式,实现对施工人员的高效管理和实时监控,提高工程建设的管理效率和安全性。

## 7.2　水利监测站网

### 7.2.1　硬件感知层

数字孪生流域通过硬件感知层实现对实体流域的各种监测,是驱动虚拟流域模型运作的基础,可以对流域的水文、气象、环境等多方面进行实时监测,为决策分析提供科学依据。硬件感知层的建设侧重于硬件层面的传感器选型和布置,通常根据具体的监测应用业务选择对应的解决方案。

（1）传感器分类

按照传感器的应用方式,主要包括以下的分类:

1）水位传感器

用于监测河流、湖泊和水库的水位。常见的水位传感器包括压力传感器、超声波传感器和雷达传感器,可以实时测量水位变化。

2）流量传感器

用于监测水流的流量,通常安装在管道或渠道中,可以测量流速和流量。常见的流量传感器包括电磁流量计、超声波流量计和涡轮流量计,在对精度要求不高的场景,当前也有通过视频分析河流流速的智能分析产品。

3)水质传感器

用于监测水的质量,包括溶解氧、pH 值、浊度、氨氮、总磷、总氮等参数,为数字孪生模型提供准确的水质数据。

4)气象传感器

用于监测流域的气象条件,包括温度、湿度、风速、风向、降水量等,对于预测流域的水情和水文循环具有重要意义。

5)图像处理传感器

以摄像头、遥感、无人机为主,可以用于监测流域的地表变化、植被覆盖、水土流失等情况,对分析算法的要求较高。

在选择传感器时,需要考虑其精度、稳定性、抗干扰能力、成本等因素,确保数据的准确性和可靠性。

(2)数据采集设备

为了实现对多个传感器的数据采集和汇总,一般需要通过专用的数据采集设备连接和管理各种传感器,将传感器采集的数据进行初步处理并转换成可传输的格式。在水利监测系统中,数据采集器的主要功能是将传感器采集的各种数据(如水位、流量、水质等)进行收集、整理和转换,以便进一步传输和处理。设备应该具备多通道数据采集功能,能够同时连接多个传感器,并将采集到的数据进行初步分析。

(3)集中控制设备

集中控制设备是水利监测系统中的一个重要组成部分,它集成了传感器、数据采集器和其他相关设备,负责对这些设备进行统一管理和控制。其主要功能包括:

1)电源管理

为传感器和数据采集器等设备提供稳定的电源供应,确保其正常运行。

2)设备保护

通过过载保护、短路保护等功能,确保设备免受损坏。

3)数据中转

接收数据采集器传输的数据,并将其转发到中心处理层或其他相关系统。

4)远程控制

支持远程控制和配置设备参数,方便管理人员对系统进行监控和维护。

5）环境监测

通过内置传感器监测控制柜内部和外部环境参数，如温度、湿度等，确保设备在适宜的环境下运行。

6）故障预警和处理

当系统出现故障时，智能控制柜可以发出预警信息，并采取相应的措施进行处理，如自动切换备用设备、启动应急预案等。

## 7.2.2　数据传输层

数据传输层负责将硬件感知层采集的数据高效、准确地传输到数据中心进行处理和分析，要保证设备之间通信的可靠性和安全性，主要包括以下几个部分：

（1）通信协议选择

数据传输层需要选择合适的通信协议，以确保数据的准确传输。常用的通信协议包括 MQTT、CoAP、HTTP/HTTPS 等。在选择通信协议时，需要考虑其可靠性、实时性、安全性以及硬件设备的兼容性等因素。

（2）网络通信技术

网络通信技术是数据传输层的核心技术，包括有线通信和无线通信两种方式。有线通信通常采用光纤、以太网等技术，具有传输速度快、稳定性高等优点；无线通信则包括北斗短报文、4G/5G 网络、窄带物联网（NB-IoT）、紫蜂协议（ZigBee）、远距离无线电（LoRa）等技术，具有覆盖范围广、部署灵活等特点。在实际应用中，需要根据监测点的分布和通信需求选择合适的网络通信技术。

（3）数据通信加密

为了保证数据传输的安全性，需要对数据进行加密处理。常用的加密方式包括对称加密和非对称加密。此外，还需要考虑数据的完整性、身份认证等问题，可以通过数字签名、访问控制等技术补充安全认证过程。

（4）数据传输优化

由于水利监测数据通常具有实时性、连续性等特点，数据量较大。为了降低传输成本和提高传输效率，需要对数据进行压缩处理。常用的数据压缩技术包括无损压缩和有损压缩。同时，还可以通过数据分片、优先级调度等手段来优化数据的传输效率和实时性。

（5）边缘计算技术

边缘计算技术是指在数据传输层的边缘节点上进行数据处理和分析的技术。通过将部分计算任务下放到边缘节点，可以降低中心处理层的计算压力和网络带宽需求，提高数据处理效率和实时性。同时，边缘计算技术还可以支持对数据的预处理和过滤，减少无效数据的传输，降低网络拥堵和能耗。

### 7.2.3　感知中心层

在数字孪生流域的建设中，感知中心层起到了核心作用，负责管理和协调硬件感知层、数据传输层，实现数据的集中处理和分析，提供数据层面的应用服务接口。集中管理、数据预处理与分析、实时监测、智能决策支持等功能，为流域的数字化、智能化管理提供了强大的支持。本节主要考虑水利数字孪生应用中感知层面的设计，因此感知中心层提供数据服务和基础的分析服务，不涉及具体流域应用方面的设计，主要包括以下几个部分：

（1）设备管理模块

该模块是感知中心层的核心之一，负责全面管理硬件感知设备和数据传输设备。通过精细的设备注册、配置、监控和维护机制，确保设备在数字孪生流域中的无缝集成和高效运作。模块的设计着眼于实时监控设备状态、预防潜在故障，从而保障数据的稳定传输和流域的安全运行。

（2）数据预处理模块

该模块专注于对硬件感知层收集到的原始数据进行预处理和分析。通过数据清洗、整合和格式化技术，有效去除数据中的噪声和不相关信息，确保数据的准确性和一致性。在预处理数据可靠性的基础上，为后续的分析和决策提供坚实的数据基础。

（3）实时监测预警模块

该模块利用前沿的流计算技术，对流域数据进行实时分析，以监控流域的实时状态。结合机器学习算法，构建智能预警模型，能够在识别到潜在风险或异常情况时迅速触发预警机制，通过多种渠道及时发布预警信息，为防范灾害赢得宝贵时间。

（4）数据可视化模块

该模块针对空间数据、时空数据、统计数据以及运维数据，结合具体的业务设计对应的可视化方式，通过图表、地图、三维渲染等手段，将复杂的数据转化为易于理解的视觉信息，增强用户对流域情况的感知能力，为科学决策提供有力支持。

（5）数据服务模块

该模块主要负责为上层应用提供高效、准确的数据支持。通过统一的接口提供的数据存储和查询功能，可以快速响应各种数据需求，为流域监测、预警和决策提供可靠的数据支撑。数据接口应具备可扩展性和标准化的特点，通过遵循已有数据规范和制定流域数据访问规范，支持多种数据格式的输出，提高感知数据与其他层面应用的互操作性。同时，通过采用模块化设计和可扩展性架构，可以方便地进行系统的扩展和升级，满足流域不断发展的需求。

### 7.2.4　安全保障体系

水利监测站网需建立完善的数据安全管理制度和操作规范，实施数据加密和备份措施，确保数据的机密性、完整性和可用性，并加强数据的安全监测和审计，及时发现和处理安全事件，具体如下：

（1）物理安全保障

水利监测站网包含大量传感器设备的运行，对物理设备窃取和破坏是安全保障的第一道防线，需采取包括设备加固、防水、防火等的多项严格措施，确保在各种恶劣环境下设备都能正常工作。同时，需要加强设备区域的物理访问控制，通过先进的门禁系统和监控摄像头，有效防止任何未经授权的访问和潜在的恶意破坏行为。

（2）网络安全防护

数据传输层的安全是网络防护的重点，硬件感知层面的网络需要使用独立的内网系统，并通过最新的加密技术和安全认证机制来保护数据的传输，部署内网防火墙和对应的入侵检测系统，实现实时监测和迅速应对各种网络攻击。此外，我们定期进行网络安全扫描和漏洞修补，确保网络始终处于最佳的安全状态。

（3）应用安全控制

在应用层面，感知中心层设计了一套完善的安全控制机制。实施严格的访问控制和权限管理，确保只有合法用户可以访问和使用系统。同时，基于微服务等机制设计多实例备份和恢复策略，确保在任何情况下都能迅速恢复系统的正常运行，最大限度地减少潜在的安全风险。

（4）数据安全管理

数据安全是数字孪生流域建设的基石，因此制定了严格的数据安全管理制度和操作规范。通过采用先进的数据加密和存储技术，确保数据的机密性和完整性在任何数据访问场景下都有所保障。此外,通过加强数据的安全监测和审计机制,定期检查和评估系统的安全性,及时检测和处理可能出现的安全事件。

### 7.2.5 传统监测系统升级

从技术角度看,数字孪生水利是数字水利的进一步演进,需融合云计算、物联网、大数据、移动互联网、人工智能等先进技术,能够更加透彻地感知、互联、共享水利对象及水利活动的信息,进而实现智能应用和泛在服务。为了实现更高效、更精准的流域监测,在现有水文、水资源、水利工程、水土保持等监测站的基础上,需要针对数据孪生应用需求进行升级。

(1)优化与升级监测系统

为确保流域内的各个关键区域都能得到高效监测,结合流域分布和传感器感知范围优化站点布局,并根据技术发展趋势,及时升级改造传统的监测系统。这包括对老旧设备的替换、技术的更新和监测范围的扩大,以确保系统的稳定性和准确性。

(2)增设多元监测要素

除了常规的水质、流量等监测要素外,还需要根据流域的实际情况,增设如气象、生态、新兴污染物等监测要素,采用新兴传感器技术提高测量精度,以获得更为全面和深入的流域信息。

(3)实现高频实时数据传输

借助5G、物联网等先进的通信技术,采取有线主干网和无线传感器网络结合的方式,结合边缘计算技术提高数据传输的频率,确保数据传输过程中的实时性和可靠性。此外,引入自动化和智能化的监测设备和技术,减少人为干预,实现真正的自动在线监测。

## 7.3 新型水利监测技术

为了实现数字孪生流域应用,我们需要加强卫星遥感、无人机监测等新型监测手段的应用。这些技术可以提供更加准确、实时、全面的数据,为数字孪生流域应用提供强有力的支持,进一步提高数字孪生流域应用的准确性和实时性,为流域管理提供更加全面和准确的数据支持。

### 7.3.1 遥感监测技术

新型遥感技术的实时监测和客观性增强了水利决策的时效性和准确性,使业务部门能够及时响应流域的动态变化,作出科学决策的同时降低成本和风险。相比传统的监测方法,遥感技术在流域监测方向上有着独特的优势。首先,遥感技术具有非接触性和快速性,可以在短时间内对广大区域进行高效监测。其次,遥感技术获取信息的范围广泛,能够同时获取地表、水体和大气的多种信息,为综合评估流域状况提供全面数据。最后,新兴遥感技术还具有高空间分辨率和高时间分辨率的特点,可以捕捉到流域细微的变化和动态过程。

（1）高光谱遥感

高光谱遥感在流域监测中的应用主要体现在水质监测和水生生态评估等方面。通过获取水体反射光谱信息,可以分析得到水质相关的参数,如叶绿素浓度、悬浮物含量等。同时,高光谱遥感还能够监测水体中的污染物类型和浓度,为水质监测和保护提供有力支持。此外,该技术还能够识别水生和陆地植被类型和分布,评估水生生态系统的健康状况。

（2）合成孔径雷达（SAR）

SAR 具有全天候、全天时的监测能力,因此在流域监测中具有重要意义。SAR 可以获取流域的高分辨率微波散射信息,从而监测洪水范围和水位变化。通过分析 SAR 图像,我们可以提取洪水淹没范围、水体流速等信息,为洪水预警和救援提供决策依据。此外,SAR 还能够监测土壤湿度和地形变化,为流域的水文过程和水资源评估提供数据支持。

（3）激光雷达（LIDAR）

LIDAR 通过发射激光束并接收回波信号来获取地表的三维结构信息。在流域监测中,LIDAR 可以获取高精度的地形数据和植被高度信息,为洪水模拟和流域地貌研究提供重要的数据支持。通过 LIDAR 技术可以生成数字高程模型和洪水淹没模型,预测洪水演进路径和淹没范围,为防洪减灾提供科学依据。同时,LIDAR 还能够监测河流的宽度、深度和水流速度,为水资源管理和水利工程设计提供重要参数。

## 7.3.2　无人机监测技术

无人机以其独特的优势,如高机动性、高分辨率和实时数据传输,成为流域监测领域的新星,通过搭载不同的传感器装置达到对应的监测目标。无人机搭载的高清摄像头能够捕捉到流域的细微变化,包括河道演变、洪水演进和水位波动等情况。同时,通过搭载多光谱相机,无人机还能监测到水质变化和水体污染等关键指标,为水质监测和生态保护提供有力支持。此外,无人机技术还能应用于河岸侵蚀监测、水库安全巡查和水利工程施工监测等方面,有效提升了监测的效率和准确性。在灾害发生时,无人机更是能够迅速响应,实时传输灾情数据,为决策者和救援队伍提供第一手资料,助力抢险救灾工作。

无人机技术在流域监测中的应用具有显著优势。首先,无人机具有灵活性和机动性,可以快速部署到需要监测的地点,特别是在复杂地形或无法接近的区域。其次,无人机搭载的高分辨率传感器能够获取精确的数据,提供全面的流域信息。相较于传统的人工巡检或卫星遥感,无人机可以实现更高频率和更精细的监测。最后,无人机技术成本相对较低,操作简便,能够大大提高工作效率和安全性。未来,随着无人机技术的不断进步和智能化发展,无人机在流域监测中的应用将更加广泛和深入,为水利行业的科学管理和决策提供有力支持。

### 7.3.3 高清视频监控

在流域监测中,高清视频监控技术的具体应用正受到越来越多的关注。这一技术可以实时监控河流、湖泊和水库等水体的动态变化,包括水流情况、水位涨落以及河岸的稳定性。在防汛监测方面,高清视频技术通过实时监测河流水位上涨情况,能够捕捉到即将溢出的河堤画面,及时发现洪水、决堤等危险,并迅速启动防汛应急响应。该技术也可用于水质监测,如观察河面是否有污染物排放、水体颜色变化等,高清摄像头能够捕捉到附近河道中非法排放污染物的行为,为环境执法提供证据。此外,高清视频监控技术还可用于监测河岸稳定性,预防河岸崩塌、滑坡等地质灾害。总之,高清视频监控技术的应用方向多元化,为流域的全方位监测提供了有力工具。随着计算机算力以及人工智能识别算法的不断提高,基于高清视频的智能识别应用的效率和精度也在不断增强。

高清视频监测技术在流域监测中的应用带来了显著的优势。首先,其高清晰度的画面能够捕捉到更多的细节信息,使得监测结果更加准确和全面。与传统的监测方法相比,高清视频监测技术不仅可以实时监测,还可以进行回放和数据分析,大大提高了监测的灵活性和便捷性。其次,该技术的自动化和智能化特点也降低了人力成本,减少了人为错误的可能性。最后,该技术还具有非接触性的特点,能够在不影响环境的前提下进行监测,对于生态环境脆弱的流域尤为重要。

未来可以预见,该技术将会与其他先进技术如人工智能、大数据分析等相结合,进一步提高监测的精度和效率。这将为我们更好地管理和保护流域水资源提供强大的技术支撑。总体来说,高清视频监控技术在流域监测方面的应用是水利领域的一项重要创新,具有深远的意义和影响。

## 7.3.4　水下机器人

水下机器人可以深入水下环境实时收集各种数据,为流域的健康状况提供关键信息,在流域监测方面的应用已经逐渐成为水利领域的研究热点。水下机器人能够监测水质、水温、水流速度等指标,还能监测水底的地形、沉积物、水生生物以及可能的污染源。在水质监测方面,水下机器人能够实时监测水中的污染物,在发现了异常化学物质时及时预警,确保水质安全。该技术也能应用于水底地形测绘,帮助工程师更准确地了解河床形态和水流动态,为水利工程设计提供宝贵数据。再者,水下机器人还能用于监测水利设施的结构完整性,如大坝、桥墩、堤坝等的裂痕监测,有效预防潜在的安全隐患。

水下机器人在流域监测中的应用具有明显优势。首先,水下机器人可以到达人工难以进入的危险或深水区域,提供更全面的数据。其次,水下机器人可以长时间、持续地进行监测,确保数据的实时性和连续性,相较于传统的水面取样或者人工潜水方式,水下机器人不仅提高了工作效率,还降低了人为风险。最后,许多水下机器人都配备了先进的传感器和成像系统,能够获取高分辨率的图像和数据,为科研和决策提供有力支持。

未来,随着技术的不断进步,水下机器人有望在流域监测中发挥更大的作用。例如,通过与人工智能技术的结合,水下机器人可能会实现更高级的自主导航和数据处理功能,进一步提高监测的准确性和效率。

## 7.3.5　地面机器人

相比水下机器人,地面机器人主要在河流两岸、水库周边等复杂地形进行移动和监测,实时收集各种数据。具体而言,地面机器人可以监测土壤湿度、植被覆盖、河岸稳定性等,提供关于流域健康状况的关键信息。在防灾预警领域,地面机器人可以起到移动的高清摄像头和测量传感器的作用,更加准确地判断灾害的发生情况,如降雨导致的河岸滑坡迹象等,通过及时预警为防灾减灾提供宝贵的时间。

地面机器人在流域监测中的应用优势与水下机器人类似。首先,地面机器人可以适应各种复杂地形和环境,包括山地、沼泽等人类难以到达的地方,确保数据的全面性和准确性。其次,地面机器人可以搭载多种传感器和设备,如 GPS、雷达、高清摄像头等,能够获取丰富多样的数据,为科学研究和管理决策提供有力支持。最后,地面机器人还可以实现远程控制和自动化运行,降低人力成本和安全风险,提高监测的效率和便捷性。

# 第8章 数据底板

数据底板是数字孪生流域业务应用的基础支撑,是智慧水利的"算据"。通过建立时空多尺度数据映射,完善数据类型、数据范围、数据质量,扩展三维展示、数据整合、分析计算、动态场景等功能,建设基础数据统一、监测数据汇集、二三维一体化、三级贯通的数据底板。

## 8.1 数据资源

数据资源池包括基础数据、监测数据、业务管理数据、跨行业共享数据、地理空间数据等。建立数字孪生流域数据资源池,充分整合与集成实时雨水情库、水文信息数据库、防汛抗旱专用数据库、水利工程库、实时工情库等相关数据,实现基础信息、监测信息、成果信息、地理空间信息、多媒体信息的构建、整合、集成和管理。

(1)基础数据

基础数据主要包括河流、湖泊、水库、堤防、监测站点、水文地质、蓄滞洪区等水利对象的主要特征信息及其空间信息。在已有的"全国水利一张图"各类水利对象数据的基础上,补充完善流域上的水库、电站、水文站、水位站、雨量站、蒸发站、地下水监测站、墒情站和水质监测站等水利对象的主要属性数据及二维、三维数据,并实现流域基础数据与水利部"全国水利一张图"基础数据的互联互通。

(2)监测数据

监测数据主要包括水文、水资源、水生态环境、水灾害、水利工程、水土保持等水利业务监测数据。相应地,流域需要获取水情、雨情、工情、水质、灾情、地下水位、取用水、墒情、水利工程安全运行监测数据、视频、网络舆情等各类监测数据。监测数据采集频次和精度基本符合标准要求,全部自动采集、实时传输。建设项目需在流域重点部位增设视频监测点,满足数字孪生流域对各类监测数据的需要。各流域管理机构、省级水利部门和各工程管理单位接入流域直管对象、省级规模以上和工程管理水利对象的监测数据,同时实现工程管理单位到省级流域的汇集推送,并按需共享到水利部。

（3）业务管理数据

业务管理数据包括"2＋N"水利业务应用产生的数据。各流域的业务管理数据来源于防洪抗旱、水资源管理与调配、水利工程建设和运行管理、水利监督、河湖长制及河湖管理、水土保持、农村水利水电、节水管理与服务、南水北调工程运行管理与监管、水行政执法、水文管理、水利行政与公共服务等水利业务应用运行中产生的数据。各流域管理机构、省级水利部门和各工程管理单位负责对区域内水利业务数据进行管理,从而实现不同业务数据的互联互通,并按需共享至水利部。

（4）跨行业共享数据

跨行业共享数据包括从相关行业部门共享的数据。根据数字孪生建设项目的需要,通过数据资源共享平台与自然资源厅、生态环境厅、住房和城乡建设厅、气象局等部门进行数据协调,对相关数据(包括社会经济、土地利用、生态环保、气象的跨行业数据)进行共享。

（5）地理空间数据

地理空间数据是数据底板的重点内容,主要包括地形地貌、土地覆盖、遥感影像以及相关水利专题等。按照数据精度可以划分为L1、L2、L3三个级别。

L1级主要是进行数字孪生流域中低精度面上建模,由水利部本级负责建设,主要包括高分卫星遥感影像、30m 数字高程模型(DEM)以及局部区域测图卫星 DEM等数据。

L2级是在L1级基础上进行数字孪生流域重点区域精细建模,由流域管理机构及省级水利部门结合数字孪生水利工程负责建设,主要包括无人机等航空遥感、大江大河及主要支流中下游航空倾斜摄影、大江大河中下游水下地形、高精度 DEM 以及河湖管理范围和水土保持重点对象精细化专题等数据。

L3级数据底板在L1、L2级数据底板的基础上进行数字孪生流域关键局部实体场景建模,重点覆盖重要水利工程坝区、库区及其下游影响区域,由工程管理单位负责建设,主要包括水利工程设计图和工程区域的无人机倾斜摄影、建筑设施及机电设备的 BIM、工程区域的水下地形等数据。

地理空间数据的空间基准应采用 2000 国家大地坐标系(CGCS2000),高程基准应采用 1985 国家高程基准,采用其他数据基准的数据资源应转换至约定基准。时间基准应采用公元纪年和北京时间。涉及国家秘密和水利工作秘密的数据,应严格按照国家法律法规和水利相关规定执行。

## 8.2 数据存储

### 8.2.1 数据规范

（1）地理空间数据标准

数字孪生流域建设的地理空间数据标准主要依照《数字孪生流域数据底板地理空间数据规范》,对 DOM、DEM、DSM、倾斜摄影测量、点云、水下地形等数据,规定了分级分类、时空基准、技术指标与规格、数据目录服务,以及分辨率、数据格式、数据精度、数据质量、分幅编号等方面的具体要求。

（2）水利基础数据标准

水利基础数据应获取各类水利对象的特征属性,主要包括流域、河流、湖泊等江河湖泊类对象,各类建（构）筑物、机电设备等水利工程类对象,水文监测站、工程安全监测点、水事影像监视点等监测站（点）类对象,工程运行管理机构、人员、资产等工程管理类对象。基础数据特征属性可参考《水利对象基础数据库表结构及标识符》(SL/T 809—2021),并对所有对象进行统一编码,并根据业务需要实时或定期更新。

水利对象基础信息需包括对象标识信息、主要特征信息以及时间戳,每类对象应有一张基础信息表,应符合以下要求：

①对象标识信息应唯一标识和确定某一基础对象,包含对象编码、对象名称和对象空间标识等信息。其中,对象空间标识信息包括对象地址和对象空间坐标。对象地址依据国家规定的地址编码规范,并辅以对象所属行政区划文字描述。对象空间坐标根据国家标准的坐标系,存储对应的坐标点位坐标。

②对象主要特征信息是该对象特有的重要指标,主要包括两个方面：自然特征,自然对象的长度、宽度、面积、容积等指标;规模与设计特征,水利对象的工程规模、工程等别、工程特征参数等指标。

### 8.2.2 水利元数据模型

水利元数据模型是描述水利信息资源的基础,数字孪生流域建设中以流域为单位,整合水文、水资源、水环境、水工程等多元数据的描述信息。元数据模型首先定义流域的基础信息,如流域边界、地理特征等。在此基础上,考虑水文观测数据,如雨量、水位、流量等,以及水资源数据,如水库蓄水量、灌溉面积。同时,也涵盖水环境质量数据,如水质监测、污染源排放等。为确保数据的准确性和可追溯性,模型还需纳入数据来源、采集时间等元数据。

## 8.2.3　水利数据模型

水利数据模型是针对水利业务应用的多目标、多层次复杂需求,构建的一种完整的数据模型。该模型对水利对象的空间特征、业务特征、关系特征和时间特征进行了一体化的组织与描述。在水利数字孪生应用中,水利数据模型主要包含以下几种类型:

（1）栅格数据模型

栅格数据模型是一种数据结构相对简单的数据组织方式,将空间区域划分为规则的网格单元,每个网格单元对应一个或多个属性值。这种数据结构适用于相对均匀的地形和空间分布,并且可以方便地进行空间分析和可视化。在数字孪生流域应用中,栅格数据模型常用于洪水预报、水资源管理、水环境评估等方面。例如,在洪水预报中,栅格数据模型可以将洪水区域划分为网格单元,然后根据每个网格单元的属性值(如地形、土壤类型、植被覆盖等)来预测洪水的发展趋势。此外,栅格数据模型还可以用于水资源管理和水环境评估中,通过对空间区域进行划分和属性赋值,可以定量评估不同区域的水资源状况和水环境质量。

栅格数据模型也存在一些缺点,如数据量大、精度受限、拓扑关系难以表达等。此外,由于栅格数据模型是基于规则的数据组织方式,因此在处理复杂的地形和空间分布时可能会存在一定的局限性。因此,在实际应用中需要根据具体的情况选择合适的数据结构和模型来处理流域应用问题。

（2）矢量数据模型

矢量数据模型以点、线、面等基础几何对象为基础,精确地描述了地理要素的几何形状和属性信息。与栅格数据模型相比,矢量数据模型能提供更高的表达精度、可量测性和存储效率。在流域应用的许多关键任务中,矢量数据模型都发挥着重要的作用。例如,在进行基础数据采集时,矢量数据模型能够精确地描绘出水文站点的地理位置和属性,为后续的数据分析和决策提供基础信息。在进行地形建模时,矢量数据模型可以捕捉到复杂的地形特征,为水土流失分析、水文地貌研究等提供支持。在水文站点管理中,矢量数据模型同样具有其独特的优势。通过精确地表示站点的位置和属性,可以更好地监控水位、流量等关键水文数据,及时发现异常情况,提高水文监测的效率和准确性。此外,在建筑物建模中,矢量数据模型能够详细地表示建筑物的几何形状和属性信息,为水利工程设计、水灾防治等工作提供有效的支持。

虽然矢量数据模型具有诸多优点,但是其在数据分析处理、可视化操作等方面却需要使用更为复杂的计算机图形学算法。因此,在进行矢量数据的应用时,需要具备足够的专业知识和技能,才能充分利用其潜力,服务于水利工程的各个领域。

（3）网络数据模型

数字孪生流域涉及的网络数据模型是一种精细化的数据模型,用于描述流域内各种物理对象和人类活动之间的交互关系。这种模型将空间对象之间的关系表述为网络结构,其中,节点代表各种物理对象,如河流、水库、泵站、水文站等,而边则代表这些对象之间的关系,如水流路径、数据传输路径、生态交互等。在这些网络数据模型中,路径规划和拓扑计算是两种核心的分析处理方法。路径规划主要关注的是如何在给定的起点和终点之间寻找一条最优路径,这在数字孪生流域的应用中,可以用于优化水资源调配路径、预测洪水传播路径等。拓扑计算则主要关注的是在给定网络中,某个节点与其他所有节点之间的连接关系,以及这些连接的强弱,在数字孪生流域的应用中可以用于分析水系网络的连通性、分析泵站等关键设施对整个网络的影响等。

通过在这些网络数据模型中引入更复杂的数据和算法,可以实时获取并分析流域内的气象、水文、环境等各种数据,以更准确地预测和管理水资源。同时,也可以利用图神经网络、强化学习等前沿的机器学习方法,对网络模型进行更深度的学习和预测,以更有效地管理和优化水利系统。总体来说,网络数据模型为数字孪生流域提供了强大的数据基础和分析工具,使得我们能够更好地理解和优化流域的各种行为和表现。

（4）时空数据模型

时空数据模型是一种精细且复杂的数据模型,以时间维度为基础来组织空间对象。这种模型通过精确的描述要素对象随时间和空间的变化和演化,为多种应用领域提供了深入的方法。在模拟仿真方面,时空数据模型可以创建出高度逼真的环境,用于模拟洪水灾害的演变过程,帮助我们更好地理解洪水灾害的规律,为防洪减灾提供决策依据。在动态监测方面,时空数据模型可以实时收集并分析大量的空间和时间相关的数据,如水利设施的运行状态、水文情况等。通过这种方式,我们可以及时发现任何可能的问题或异常,从而采取适当的行动。在实时预警方面,时空数据模型可以预测未来的情况,比如预测洪水灾害的可能发生地点和时间,或者预测水利设施的可能故障时间。这种预测能力可以帮助我们提前做好准备,减少潜在的损失。

在水利工程中,时空数据模型还是水利工程设计的基础,通过模拟不同的设计方案,我们可以优化工程的效果和效率。同时,通过分析历史数据和实时数据,我们可以做出更明智、更科学的决策。例如,在洪水灾害发生时,时空数据模型可以帮助我们快速评估灾害的影响范围、预测灾害发展趋势,为抗洪救灾行动提供决策依据。总体来说,时空数据模型提供了一种全新的视角来看待和管理水利问题,帮助我们更好地利用和管理水资源,提高水利设施的运行效率,预防和减轻洪水灾害的影响。

(5)BIM 数据模型

BIM(建筑信息模型)是一种综合利用多种建筑信息技术,对工程进行全过程数字化建模、管理和协同的模型组织方式。在传统三维数据模型的基础上,BIM 数据模型包含模型数据、属性数据、纹理数据、索引数据以及其他建筑相关数据,形成一种综合多种数据类型的组织形式。在设计阶段,BIM 数据模型可以提供建筑结构的物理和功能特性,以及设计意图和细节。在施工阶段,BIM 数据模型可以用于协调各施工专业的工作,确保施工过程中的正确性和安全性。在运维阶段,BIM 数据模型可以提供建筑物的维护和运营管理信息,包括设备维护计划、能源消耗管理等。对于水利工程来说,BIM 数据模型可以贯穿设计、施工和运维的全过程。在施工阶段,BIM 数据模型可以帮助实现施工过程的可视化,进行施工进度模拟和优化,以及施工资源的优化配置。此外,BIM 数据模型还可以用于协调水利工程各专业的工作,包括水工、电气、机械等专业,提高施工效率和质量。在运维阶段,BIM 数据模型可以提供水利工程设施的运营和维护信息,包括设备运行状态监测、能源消耗管理、安全监控等。

BIM 数据模型还可以用于预测和预防设施故障,提高设施的可靠性和安全性。总之,BIM 数据模型是水利工程信息化的重要工具,可以实现水利工程全过程的数字化建模、管理和协同工作。通过综合利用多种信息技术,BIM 数据模型可以提高水利工程的施工效率和质量,降低运维成本,提高设施的可靠性和安全性。

(6)混合数据模型

混合数据模型是一种结合上述多种数据模型的数据组织方式,结合了多种数据模型的优点以提高数据的精度和可靠性。例如,矢量—栅格混合数据模型使用矢量数据和栅格数据,根据区域的不同需求进行优化。在矢量—栅格混合数据模型中,矢量数据用于提供精确的地理信息,如边界、河流、湖泊等地理要素的位置和形状。这些数据通常具有较高的精度和较低的分辨率,适用于对数据精度要求较高的区域,如水资源管理和水文监测。栅格数据则提供了更为细致的地理信息,如地形高程、土壤类型、植被覆盖等环境信息。这些数据通常具有较高的分辨率和较低的精度,适用于对分析要求较复杂的区域,如水文模拟和环境评估。

通过混合使用矢量数据和栅格数据,可以更好地满足不同区域的需求,提高数据的精度和可靠性。例如,在水资源管理中,可以使用矢量数据来精确地确定水资源分布和边界,同时使用栅格数据来提供更为细致的水文模拟和分析结果。这样,可以更好地理解水资源状况,制定更为精准的水资源管理策略。

(7)数据索引模型

数据索引模型主要包括数据库索引、空间索引和文本索引三个方面。通过合理选择和使用这些索引模型,可以提高水利数据的查询效率和分析能力,为水利信息化提供有力支持。

数据库索引主要针对结构化数据的高效查询,是水利数据索引的基础。由于水利数据通常具有大量的数据记录和字段,通过数据库索引能够明显提高查询效率,提高数据库的并发访问性能。数据库索引可以根据字段的值进行排序,从而在查询时快速定位到所需数据,常用的数据库索引包括 B 树索引和哈希索引等。

由于水利数据通常包含地理信息,如流域、水系等,因此需要使用空间索引来加速空间数据的查询和检索,空间索引是水利数据在分析利用中使用的重要类型之一。空间索引通常采用 R 树、四叉树或八叉树等数据结构来实现,根据数据的空间分布特点和查询方式选择,能够将空间数据划分为不同的区域,并快速定位到所需区域内的数据。

水利数据中包含大量的文本信息,如水文资料、工程报告等,使用文本索引来加速文本数据的检索和分析,是发挥文本数据价值的基础。文本索引通常采用倒排表或 BM25 等算法来实现,能够将文本数据转换为关键字,并将关键字与文档进行关联,从而在查询时通过自然语言处理算法快速定位到相关文档。

## 8.2.4 水利网格模型

水利网格模型是根据行政区划、自然流域、水资源功能区和数值计算等需求构建的网格化管理模型,实现流域防洪、水资源管理与调配等水利业务的网格化联动,在水利工程应用中具有以下几个方面的特点：

（1）数据网格化

大范围区域的综合分析对数据管理和计算能力提出了较高的要求。水利网格模型将水利数据进行网格化划分，即将分析区域划分为若干个小的网格单元，将每个网格单元内所收集的数据进行统一的组织和处理。通过水利网格模型，可以实现网格化计算，利用分布式计算技术并行处理各个网格单元的计算任务，提高计算效率，从而解决大范围海量数据的处理性能问题。

（2）网格数据融合与共享

每个网格单元中可收集不同时间、类型、组织方式的水利数据，包括水文、水力学、气象、地形、地质等数据，实现以网格为单位的多源数据的融合与共享，从而达到数据综合利用和集成分析的目标。

（3）网格化联动

水利网格模型对流域防洪、水资源管理与调配等水利业务实现网格化联动。借助精细化网格的划分，水利网格模型能够将各种水利数据和信息进行有效整合，形成一套完整的水利信息网格体系。在防洪方面，水利网格模型可以实时监测水文数据，预测洪水趋势，提前预警，从而降低洪涝灾害的风险，通过模拟不同防洪方案的效能，可以为决策者提供最优的策略选择。在水资源管理方面，水利网格模型可以精细化地管理每个网格内的水资源，实现合理调配，通过模拟和分析不同水资源调配方案的效益，可以制定出最合理的水资源利用方案。这种网格化的联动方式，使得水利业务更加协同、高效。水利网格模型的应用，将有力提升水利工作的效能，为保障经济社会的可持续发展作出重要贡献。

## 8.3 数据引擎

数据引擎是一套数据处理的算法集合，用于提供数据汇聚、数据治理、数据挖掘、数据服务等功能，支撑数据管理与应用。

### 8.3.1 数据汇聚

数据汇聚是通过构建涵盖业务数据汇集、视频级联集控、遥感接收处理等数据管理的平台化能力，支持多源异构数据高效入库，为数字孪生流域、模型平台和知识平台提供数据支撑和计算能力，为水利信息化提供良好基础。

（1）业务数据汇集

业务数据汇集主要是通过对水利业务应用产生的业务数据资源进行汇集，从而实现对其统一管控，用于满足汇集重要业务数据的需求。针对不同的业务需求和数据模型设计相应的存储和管理方式。

1）结构化数据

结构化数据是指具有明确定义或固定数据格式和结构的数据，一般采用数据库方式存储。根据具体业务需求可选择适当的数据库或者数据存储技术来存储和管理结构化数据。结构化数据包括关系型数据库（MySQL、PostgreSQL 等）、非关系型数据库（Cassandra、HBase 等），以及数据湖（Hadoop、Amazon S3）。

2）非结构化数据

非结构化数据本质上是结构化数据之外的一切数据，没有预定义的数据模型，数据结构不规则或者不完整，最常见的有文档、视频、图片等。一般采用文件形式组织存储，可采用分布式文件系统或对象存储技术。通常采用二进制流形式写入文件，对较大的文件采用分段分片的方式进行划分，或根据不同的业务需求采用不同的划分方式，如空间划分、时间划分、业务划分等。

3）监测数据汇集

考虑到监测数据汇集模块对数据传输的稳定性和并发量有着更高要求，同时要考虑实时分析和应用结果使用的需求。监控数据的汇集需要基于实时传输的数据交换协议完成，如 STOMP、MQTT 等，在对数据安全性和传输性能有较高要求时，可自行设计自有数据接入协议。在接入端通过采用 Apache Kafka 等消息队列机制提升高并发场景下的数据接入效率，保证监控数据接入数据存储系统中的写入速度和稳定性。

（2）视频级联集控

视频监测是智慧水利感知网三大组成部分之一（传统水利监测、水利遥感和水利视频），也是水利天—空—地—水工一体化立体监测的主力军。视频技术的应用可以有效提升对流域内水利对象物理环境的监测和智能感知的能力水平。

通过视频级联集控可实现全国水利视频联网，并实现与现有的水利视频会议系统互联互通，支持多级应用。各级平台应接入本级所辖现有的水利视频资源，同时接入共享其他部门视频，对于重点区域或者重点工程等视频监控能力不足的需进行补充建设，实现能对重点目标的智能信息提取与警告以及对突发涉水事件或重点关注对象在线视频查看。

1)视频级联集控平台

平台需要接入流域内大量的水利视频资源,有着大规模网络流量 IO 和稳定的数据服务要求,需要设计可扩展、高可用的系统架构,采用分布式计算技术,将不同的功能模块拆分成独立的服务,通过消息队列或者事件驱动的方式进行通信和协同工作。

平台提供视频服务,支持视频接入、存储、治理、共享等功能,支持多类接入协议。平台以稳定的网络架构为基础,确保视频监控设备能够互相连接和通信。可以使用局域网或者虚拟专用网络(VPN)来实现设备之间的连接。对视频、声纹数据等信息通常使用分布式存储技术管理,可采用分布式文件系统或者对象存储系统来存储视频文件,使用关系型数据库或者 NoSQL 数据库存储元数据。考虑到系统安全性的需求,可采用数据加密、身份认证、权限控制等方法,可以使用 SSL/TLS 协议进行数据加密,使用 OAuth 或者其他认证协议进行身份认证。

视频流的管理通过集中控制软件,设置视频流的分辨率、帧率、压缩格式等参数,对每个视频监控设备的视频流进行管理。在视频数据的获取和存储中,设计视频处理模块,可以使用 FFmpeg、GStreamer 等开源的视频处理框架,实现视频编码、解码、转码、剪辑、合成等功能。视频管理通过集控功能模块实现,提供视频监控、远程控制、告警管理、权限管理等功能。为保证视频的访问性能,使用 Prometheus、Grafana 等监控工具,实现系统性能监控、日志管理、故障诊断等功能。

同时,依据《安全防范视图计算联网系统信息传输、交换、控制技术要求》(GB/T 28181—2016)、《水利对象分类与编码总则》(SL/T 213—2020)等国家和水利行业标准,对水利视频级联集控平台所汇聚的视频点位属性进行治理,包括点位名称、编码、所属经纬度、所在行政区划、所属流域、所属水利工程或测站对象、管理单位、算法类型及部署位置等属性信息。

2)视频智能识别

视频监控数据的分析需要大量的人力、算力,通过智能识别技术能够极大地提高视频数据的分析效率,减少人为因素导致的识别错误。结合人工智能平台实现高效的视频分析处理,可实现以下具有代表性的应用:

智能监控:实现对水利设施的智能监控,如监测水位、水流、水库状态等,确保水利设施的安全运行。

洪水预警:实现实时监测水位变化,及时发出洪水预警,为防洪救灾提供科学依据。

水质监测:实现对水质的实时监测,包括水体颜色、浮油、漂浮物等,从而及时发现水质问题,为水资源保护提供科学支持。

非法行为监测:监测监控范围内的非法行为,如非法采砂、非法捕捞、非法排污等,从而实现对环境安全的保护。

智能调度:实现智能调度水利设施,如自动控制闸门、泵站等,提高水利设施的运行效率和调度精度。

库区入侵:实现水库库区区域人员等入侵识别算法,保障库区安全,防范游泳溺水等事件的发生,监测识别库区人员或车辆、船只的闯入。

无水尺条件水位估算:实现无水尺条件水位估算,综合利用数字孪生流域平台数据底板高精度三维地形以及河道断面数据等,实现手机视频防汛应急监测水位估算。

视频识别技术在水利中具有广泛的应用前景,可以提高水利设施的运行效率和智能化水平,为水资源保护和防洪救灾提供科学支持。在实际运用过程中,需要选择合适的方法和算法,以实现高效、准确、可靠的目标。

(3)遥感接收处理服务

遥感接收处理在现有卫星遥感数据统一管理的基础上进行完善,提供数据级和产品级服务,各级水利业务应用可根据实际需求开展数据的加工和应用。遥感数据接收处理服务中,水利部本级统一接收处理卫星遥感影像数据,为各级水利业务部门提供数据级和产品级服务。各流域管理机构、省级水行政主管部门和重点水利工程单位可根据业务需求,建设遥感数据应用系统平台,并根据实际需求开展数据的加工和应用。

## 8.3.2 数据治理

数据治理是指通过不同的策略和标准对流域内各种数据的管理和维护,以确保数据质量、数据安全和数据可靠性。这些流程确定数据所有者、数据安全措施和数据的预期用途。总体而言,数据治理的目标是维护安全且易于访问的高质量数据,最大限度地提升数据价值。

数据治理旨在对数据汇集后的多源数据进行统一、规范管理,依据水利数据对象标准,梳理数据对象间的逻辑关系,提升数据的规范性、可用性,避免数据冗余和重复,规避数据烟囱和不一致性。数据治理包括数据模型管理、数据血缘关系建立、数据清洗融合、数据质量管理、数据资产管理、数据安全管理等。

（1）数据模型管理

数据模型管理的目标是确保组织中使用的所有数据模型都是准确、一致且可靠的。数据模型管理是数据治理的一个关键方面，数据模型是对物理流域全要素和水利治理管理活动全过程进行数字映射的基础，是以物理流域为单元、空间数据为底座、数学模型为核心、水利知识为驱动的关键环节。需对数据模型开展全生命期组织和管理，以确保数据的一致性、准确性和可用性。为了实现这一目标，数据模型管理的流程涉及创建和设计数据模型、标准化和规范化数据模型、版本控制和变更管理、文档和元数据管理、审查和验证、整合和部署。

当前，空间数据模型已由相关行业和组织制定了大量标准的数据类型和格式，水利数据模型的管理以当前已有数据模型的标准和规范为基础，针对具体的应用业务应用扩展和开发新的数据模型，并对数据模型的版本和变更进行管理和审查，作为数据底板的管理基础，从而支持更高效、更精准的决策制定和执行。

（2）数据血缘关系建立

数据在产生、处理、流转到消亡过程中，不同数据之间会形成一种类似于人类社会血缘关系的关系，被称为数据血缘关系。数据血缘关系分析可以梳理系统、表、视图、存储过程、ETL、程序代码、字段等之间的关系，并采用图数据库进行可视化展示。数据血缘关系全面反映数据的来源、数据的处理过程、数据的服务情况等信息。通过数据血缘关系可视化，能清晰地展示数据来源节点和转换过程，快速定位数据问题，分析异常数据产生原因。提供检索逻辑数据实体的数据血缘图，可展示逻辑数据实体所属的业务流程。数据血缘关系的建立通常可以分为以下三个步骤：

1）数据源识别和收集

首先需要明确标记数据来源，记录数据是如何产生的，生成数据所使用的方法，包括数据库、文件、API 等，然后通过数据抽取、ETL（抽取、转换、加载）等方法将数据从源系统中提取出来，并进行清洗和转换，以便后续的数据血缘分析。

2）数据血缘分析

在这一步骤中，需要对提取出来的数据进行分析，确定数据的来源、流向和变换过程。可以使用数据血缘分析工具或者手动分析数据表、字段、关系等信息，以建立数据血缘关系图。

3）数据血缘关系维护和更新

随着数据的不断流动和使用，数据的血缘关系可能会发生变化，所以建立的数据血缘关系图,需要进行维护和更新,以确保数据血缘关系的及时性、准确性和完整性。当源系统或数据结构发生变化时,需要及时更新数据血缘关系图,以保持其与实际数据流的一致性。同时,还需要定期进行数据血缘关系的验证和审计,以确保数据的可追溯性和合规性。

（3）数据清洗融合

数据清洗融合是数据治理中的一项重要步骤,主要涉及对原始数据进行清洗和整合,从而确保数据的质量和一致性,用以支持数据驱动的决策和业务需求。通过对数据进行清洗融合,可以消除数据中的噪声和冗余,进一步提高数据的可信度和可用性,从而为组织提供更准确、全面和可靠的数据基础。

1）数据清洗

数据清洗是通过识别、纠正或删除数据中的错误、不一致或不完整的部分,从而提高数据的准确性和可用性。常见的数据清洗操作包括去除重复数据、填充缺失值、纠正错误数据等。

2）数据融合

数据融合是指将来自不同数据源的数据进行整合,以创建一个统一的数据集。数据融合可以通过合并、连接或追加数据来实现。这样做可以消除重复数据,提高数据的完整性和一致性,同时也可以为后续的数据分析和应用提供更全面的数据基础。

（4）数据质量管理

数据质量主要指数据的有效性、完整性、准确性、及时性、一致性、唯一性等。数据质量管理是指对数据从计划、获取、存储、共享、维护、应用、消亡生命周期的每个阶段里可能引发的各类数据质量问题进行分析,包括关键数据识别、度量方案规则设计、数据质量度量、度量报告发布、监控、预警等一系列管理活动,并通过改善和提高组织的管理水平使得数据质量获得进一步提高。数据质量管理是确保数据的准确性、完整性、一致性和可信度的过程,以确保数据符合预期的质量标准,支持组织的决策和业务需求。

数据质量管理包括监测数据质量、识别和纠正数据质量问题、建立数据质量度量指标、问题跟踪等活动,以持续改进数据质量。

1）数据质量度量

对数据质量进行度量和评估,通过定义和计算数据质量指标来评估数据的质量水平,确定数据问题和改进机会,以便于监控和改进数据质量。

2）数据质量报告

生成数据质量报告,向相关人员提供数据质量的详细信息和分析结果,以便于决策和改进数据质量管理。

3）数据质量改进

根据数据质量评估和监控结果,进行数据质量改进措施的制定和实施,以提高数据质量的持续改进。

4）问题跟踪

对已经定义的数据质量水平、合规性等问题进行持续的监控,及时发现并解决问题。

（5）数据资产管理

数据资产管理是指规划、控制和提供数据及信息资产的一个业务职能,包括开发、执行和监督有关数据的计划、政策、方案、项目、流程、方法和程序,从而控制、保护、交付和提高数据资产的价值。

1）分类组织与价值评估

数据资产管理通常从数据业务应用和数据安全分类两方面组织评估,考虑数据共享访问需求,以及数据安全的重要性。需要制定规范的申请、审批、使用、变更、注销等管理流程,并定期对数据资产进行价值评估,以便于发现和挖掘数据资产的价值和潜在价值。

2）共享和交换管理

对于需要共享和交换的数据资产,可建立数据资产共享和交换平台,以结构化数据、文件数据和 API 接口服务三种形式提供共享和交换接口,通过接口鉴权管理机制保障数据的安全性和可靠性。对安全分级评估较高的数据,提供访问控制、加密、脱敏等措施,从而提高数据共享过程中的安全性。

（6）数据安全管理

1）安全分级管理

除了按照数据资产价值的评估分级外,数据治理中还需要考虑水利数字孪生业务和数据安全策略,制定数据安全分类分级的标准。安全分级管理组件根据数据的敏感程度、重要性和业务需求对数据进行分类分级,并对不同级别的数据从数据存储方式、访问审批流程、数据访问加密等方面采取不同的安全管理措施。

2)权限控制管理

根据具体的业务需求和安全分级标准,需设置不同用户在数据治理平台中所需的角色与权限。在此基础上通过访问控制列表、角色控制、权限审批等方式,确保只有经过授权的用户才能访问相应的数据,并通过一定的审批流程实现权限外的数据访问。

### 8.3.3 数据挖掘

数据挖掘部分主要是从大量的实时和历史数据中提取有价值的信息,用以支持流域管理决策,优化资源配置和提高水资源利用效率。应充分运用统计学、机器学习、模式识别等方法从数据资源中发现物理流域全要素之间存在的关系、水利治理管理活动全过程的规律,通过图形、图像、地图、动画等方式进行展现,包含描述性、诊断性、预测性和因果性等规律,并通过图形、图像、地图、动画等方式展现。数据挖掘的功能,主要包括以下几个部分:

(1)数据预处理

对收集到的原始数据进行清洗、整合和转换,以便对后续的数据进行分析和挖掘。数据预处理包括处理缺失值、异常值、重复值等问题,以及将数据转换为适合挖掘的格式。

(2)特征工程

从原始数据中提取有助于解决实际问题的特征。特征工程包括特征选择、特征变换和特征构建等操作。特征工程的目的是减少数据的维度,提高模型的性能和可解释性。

(3)数据挖掘算法

应用各种数据挖掘算法(如聚类、分类、回归、关联规则挖掘等)对数据进行分析,以发现潜在的规律和模式。这些算法可以帮助识别流域内的关键影响因素、预测未来的变化趋势、评估不同管理策略的效果等。

(4)模型评估与优化

对挖掘到的模型进行评估,以确定其准确性、稳定性和可靠性。根据评估结果,可以对模型进行优化,以提高其预测和决策支持能力。

(5)可视化与报告

将数据挖掘的结果以直观的方式呈现给决策者,帮助他们更好地理解数据背后的信息,从而做出更明智的决策。这可能包括生成图表、地图、报告等形式的可视化结果。

## 8.3.4　数据服务

数据服务应在目前已有的水利行业的数据共享交换平台的基础上,实现各类数据在各级水利部门之间的上报、下发、同步,同时实现与其他行业之间的数据共享。需提供统一的数据服务管理,确保各类数据服务能够方便快捷地被调用。数据服务包括数据共享服务、地图服务、可视化服务、数据资源目录服务、数据管控服务等。

(1)数据共享服务

数据共享方面主要有以下几种方式:文档复制;通过接口服务提供给第三方应用调用;通过交换软件进行数据传输;直接连数据库拉取。水利应用建设时采用其中一种或多种并存的方式,需要建立统一的数据共享系统、接口服务、数据交换。数据共享服务在权限控制的基础上,将数据资源通过上述或其他形式共享到其他系统。

1)数据 API 服务

由于在水利相关业务中存在较为复杂的需求,目前已有的基于公开标准规范提供的通用数据服务难以满足要求,直接访问数据库和文件存在权限保护、访问复杂问题,因此部分专业软件、数据中台、业务等会额外提供自定义的数据 API 服务,以便更加灵活地获取和操作数据。数据 API 交换格式主要包括 JSON、XML、二进制数据等,读写数据则是基于已定义的组织结构来完成。

2)文件数据服务

文件数据服务是目前最常用的数据共享方式之一,能满足从不同文件系统中读取文件的请求。通过文件服务器,可以实现文件的管理、共享以及权限设置等功能。为了提高数据的访问控制和读写效率,文件存储服务通常对接分布式文件存储或NFS 网络存储,以确保在数据存储层具备高可用和数据不丢失的特性。

3)OGC 标准空间数据服务

OGC 标准空间数据服务包括 WMS、WFS、WCS、WPS、WMTS 等,提供了访问和交互地理空间数据的标准方法。例如,WMS 用于地图的渲染和可视化,WFS 用于地理空间数据的访问和更新,WCS 用于栅格数据的访问和共享,WPS 用于地理空间数据的处理和分析等。OGC 标准空间数据服务提高了地理空间数据和服务的互操作性、共享性,不同的 GIS(地理信息系统)软件和应用在该标准下能够完成相互协作,从而更好地支持地理空间分析和应用,提高了地理空间数据的应用价值和效率。

（2）地图服务

地图服务是基于地图的数据服务方案，为各类业务应用提供高效、精准的地图支持和空间数据服务。地图服务提供地图数据、地图制作和展示、GIS等一系列服务，能帮助用户进行地理位置可视化、数据分析和决策支持等。地图服务主要包括以下几个方面：

1）地图展示

地图展示的核心目的是将地图数据转换成可视化的图像，让用户可以通过视觉方式获取地图信息，同时可以根据用户需求进行地图定制，如地图风格、缩放级别、标注点等，还可以结合其他功能，如路线规划、搜索、定位等，为用户提供更加丰富的地图服务体验。用户可以通过地图查看不同区域（包括道路、建筑物、河流、湖泊等）的地理信息。目前，地图展示主要有两种方式：

①切片地图：切片是将地图数据切分成多个小块，每个小块预先生成一个静态图像，然后在进行地图展示时将静态图像拼接起来形成一个完整的地图。切片地图具有速度快、效率高等优点，在地图规模较大时常采用此种方法。

②实时渲染：根据地图数据实时生成地图图像，使用各种图形库进行渲染。动态渲染的优点是灵活性高、支持定制化，适用于对分析和交互性要求较高的应用场景。

2）地理位置查询

用户可以通过输入地名、地址或坐标等信息，查询并定位到该地理位置。地理位置查询功能基于空间查询技术实现，通常使用空间数据库存储地理坐标和属性信息，在数据量较大时，可采用规则网格、R树、四叉树等空间索引机制提高二维空间的检索速度。

根据应用场景的不同，地理位置查询主要分为以下几种方式：

①基于几何形状的查询。这种查询技术允许用户通过定义一个几何形状（如矩形、圆形、多边形等），来查询位于该几何形状内的空间数据。例如，用户可以通过定义一个矩形，来查询该矩形内的所有水系、湖泊等空间数据。

②基于距离范围的查询。这种查询技术允许用户通过定义一个距离范围，来查询位于该范围内的空间数据。例如，用户可以通过定义一个500m范围内的距离，来查询该范围内所有的水文站、水库等水利对象相关的空间数据。

③基于关键词的查询。这种查询技术允许用户通过输入关键词，来查询与该关键词相关的空间数据。例如，用户可以通过输入"水库"，来查询所有的水库位置、面积等信息。

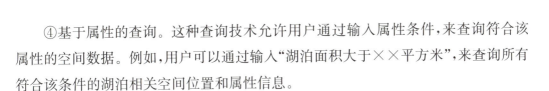

④基于属性的查询。这种查询技术允许用户通过输入属性条件,来查询符合该属性的空间数据。例如,用户可以通过输入"湖泊面积大于××平方米",来查询所有符合该条件的湖泊相关空间位置和属性信息。

这些地理位置查询技术可以根据不同的应用场景和需求进行选择。例如,在地图数据获取中,通常使用基于几何形状或距离范围的查询技术;在水工建筑物查询中,可以使用基于关键词或属性的查询技术来进行空间查询。这些技术也可以结合使用,以满足更复杂、多样化的空间查询需求。

3)空间分析

空间分析功能是指对地理空间数据进行处理和分析,以提取出有用的信息或发现规律,用户可以对各类数据开展空间分析,如地形分析、缓冲区分析、区域人口密度统计等。主要有以下几种分析类型:

a.空间分析的类型

①空间分布分析:通过对地理空间数据的分布进行分析,可以发现各种地理实体或现象的空间分布特征和规律。

②空间关系分析:通过对地理空间数据之间的空间关系进行分析,可以发现不同地理实体或现象之间的空间关系和相互作用。例如,通过分析城市中不同区域之间的距离和交通联系,可以了解城市的空间结构和功能分区。

③空间聚类分析:通过对地理空间数据进行聚类分析,可以将相似的地理实体或现象聚集成不同的群体,以提取出它们的空间分布特征和规律。

④空间插值分析:通过对地理空间数据进行插值分析,可以预测地理空间数据在未知区域的分布情况。

⑤空间模拟分析:通过对地理空间数据进行模拟分析,可以模拟和预测各种地理现象和过程的变化、发展趋势。

⑥空间路径分析:提供路线规划功能,用户可以根据自己的出行需求,规划出起点到终点的最优路线,包括最短路线、最快路线、避开拥堵路线等。例如,考虑道路状况、交通拥堵情况、天气情况等,计算出一条最优的路线。

b.空间分析的应用

空间分析的应用十分广泛,在数字孪生流域中主要有以下应用:

①地形分析:通过地形数据的获取和分析,可以对流域地形特征进行建模和分析。地形分析可以包括地形高程数据的提取、地形剖面分析、坡度和坡向分析等,以揭示流域地形对水文过程的影响。

②水文空间分析:水文空间分析涉及对流域内水文要素的空间分布和变化进行分析,如降水量、河流分布、湖泊分布等。通过空间分析,可以揭示不同地区的水文特征,为水资源管理和洪水预测提供支持。

③水质空间分析:通过对流域内水质数据的空间分布进行分析,可以揭示不同地区的水质状况,发现水质异常的空间分布规律,并为水环境保护和水质改善提供科学依据。

④生态空间分析:生态空间分析涉及对流域内生态要素的空间分布和生态系统的空间关联进行分析,如植被分布、生物多样性分布等。通过空间分析,可以评估不同地区的生态环境状况,为生态保护和恢复提供支持。

⑤土地利用分析:通过对流域内土地利用历史及现状的空间分布进行分析,可以揭示不同地区的土地利用类型和变化趋势,为土地资源管理和规划提供支持。

⑥空间插值和预测:空间插值和预测技术可以通过已知点数据,推断未知点的数值,如利用降雨站点数据进行降水量的空间插值,以预测流域内其他地区的降水量分布。

地图服务的优势在于提供了丰富的地理信息和定位服务,能够满足不同领域和场景的需求。同时,地图服务还能够结合其他技术和应用,如人工智能、物联网等,为用户提供更加智能化、个性化的服务体验。常见的地图服务包括谷歌地图、百度地图、高德地图等,这些地图服务不仅提供了基础的地图展示和路线规划功能,还提供了更多的特色服务和功能,如实景导航、全球卫星影像、位置营销等。

(3)可视化服务

数据可视化服务是指通过图形化、可视化的方式直观、生动地向用户呈现数据,从而帮助人们更好地理解和分析数据。水利数字孪生应用中空间可视化和三维渲染属于数据可视化的一部分,但可视化方式相对复杂,因此数据可视化服务主要考虑通用的数据可视化场景,可以提供各种图表、图形、地图、3D场景、动态数据等不同的展示方式。可视化服务主要包括以下功能:

①统计图可视化,展示折线图、柱状图、饼图、散点图、数据表等常规统计信息;

②关系图可视化,展示复杂的关系和连接,如社交网络、流程图等;

③动态数据可视化,如实时流场数据、历史时序数据对比等,可根据数据类型,制成动态图表或动画效果;

④数据挖掘可视化,使用数据挖掘和分析工具来发现数据中的规律和趋势,并制作成图表;

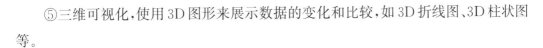

⑤三维可视化,使用3D图形来展示数据的变化和比较,如3D折线图、3D柱状图等。

（4）数据资源目录服务

水利数据呈现海量多源异构特征,为了提升数据共享的便利,可结合业务需求建立数据资源目录。数据资源目录服务是一种提供水利数据资源信息查询和管理的系统,旨在帮助用户查找、了解和使用数据资源。地理空间数据相关产品(DOM、DEM/DSM、倾斜摄影模型、激光点云、水下地形等)需按照数据要求进行成果生产与整理,并编制数据成果目录,以自然流域、行政区划和水利工程为单元组织数据成果,形成数据资源。数据资源项描述信息应该包含名称、摘要、关键字、类别、提供方、资源维护单位、格式、属性、更新频率、共享类型、共享条件、共享方式、发布日期等。

数据资源目录服务通常采用 Web 界面或 API 接口的方式提供服务,用户可以通过浏览器或开发工具访问和使用服务。目录服务通常以大数据管理技术为基础,广泛应用于政府机构、科研机构、企业等组织中,帮助用户查找、使用和管理数据资源,提高数据利用效率和决策水平。数据资源目录服务的主要功能有以下几种:

1)数据资源注册和管理

数据资源目录服务开放用户注册数据资源接口,需提供包括数据的名称、描述、类型、来源、更新时间等基本信息。通过资源注册的形式,可以整合各个单位和用户的数据,有助于了解和汇总数据资源的基本情况。数据资源目录服务对注册数据资源提供数据资源的管理功能,包括数据的编辑、删除、发布等操作,用户可以对自己注册的数据资源进行管理,保证数据的准确性和及时性。

2)数据资源浏览和检索

数据资源目录服务提供已注册数据资源的浏览功能,包括数据的详细信息、元数据、数据集内容等。用户可以通过查看数据资源的详细信息,了解数据的来源、质量、适用范围等,从而更好地使用数据。为了提高数据查询效率,系统支持通过关键词、数据集名称、描述等信息进行检索,检索结果可以按照相关性、时间顺序等进行排序和展示。

3)数据资源访问和利用

数据资源的访问和利用主要有数据服务和数据下载两种方式。数据服务以预先定义好的数据访问标准为基础,通过 HTTP 或 API 接口获取固定格式的数据。用户也可直接下载所需的数据资源,下载时可以对数据的版本、格式、大小等进行筛选,以满足不同的业务使用需求。

4)数据资源评价和反馈

用户可以对数据资源服务进行评价和反馈,包括对数据质量的评价、对服务的建议和意见等,有助于提高数据资源的质量和服务水平,更好地满足用户的个性化需求。

(5)数据管控服务

数据管控服务提供全域数据资产管理,主要负责对大量数据服务进行管理和访问控制,主要包括服务治理和服务安全管理两个方面。

1)服务治理

服务治理的主要目标是确保数据服务的可靠性、可用性和安全性,通常利用微服务架构中服务注册中心的思想实现,提供服务注册、服务状态监测、服务降级、限流等功能。对外提供数据的服务注册到管理中心后,由统一的网关转发访问。通过对服务的状态监测,实现对访问流量较大服务的负载均衡以及故障服务的限流和重启。

2)服务安全管理

通过数据服务安全管理可以避免数据遭受未经授权的访问、篡改、破坏和泄露。服务安全管理包括数据的权限控制、加密、备份、恢复和访问控制等方面。该功能主要通过权限控制、数据加密和高可用技术得到实现。

服务的权限控制在数据权限的基础上,增加接口级别的角色控制,确保只有得到授权的用户才能访问和使用服务。鉴权机制可以设置在网关统一鉴权,或使用单独的鉴权服务负责其他服务的鉴权,对于权限较为独立的服务,也可以单独设置在各个服务的访问接口中。

对安全等级要求较高的数据,需要额外使用加密技术保证数据安全,避免因非法侵入服务器或文件存储系统导致数据丢失。常见的文件系统加密使用对称加密算法、非对称加密算法以及混合加密算法,根据具体的应用需求确定数据的读写效率和安全需要,选择对应的数据加密技术。

服务的高可用性体现在部分服务器或网络设备故障不影响对外提供服务,通常使用分布式计算技术,将数据和服务存储在多台服务器节点。随着交换机设备能够提供的带宽越来越高,大规模集群主要采用存算分离模式,即存储服务和计算服务,分别部署在不同的服务器,通过网络设备链接。数据存储通过分布式文件系统和分布式数据库实现,数据计算使用微服务的治理或并行分析框架实现。

# 第4篇

# 模型·知识·平台

模型是对物理流域运行机理的数字化表达,知识是支持模型运行和决策制定的基础,而平台为模型构建、知识整合和应用提供了统一的载体。

模型和知识是数字孪生流域的灵魂。模型包括水利专业模型、智能模型、可视化模型等,作为对现实流域的数字化映射,通过数据驱动的方式对现实流域进行高精度仿真。其中,水利专业模型聚焦于水流、水质等核心要素的模拟;智能模型则通过机器学习和大数据分析,赋予模型预测和自适应调整的能力;而可视化模型则让这些复杂的数据和模拟结果变得直观易懂,为决策者提供更直观的参考。同时,模型还可以通过不断地学习和训练,提高自身的预测和决策能力。数字孪生流域的知识库不仅通过数据挖掘和分析为我们揭示了隐藏在大量数据背后的规律和趋势,更借助先进的人工智能和机器学习技术,实现知识的自我更新和进化。同时,借助先进的人工智能和机器学习技术,知识库能够实现自我更新和进化,不断适应流域的变化和发展。知识的存在和应用,确保了决策的科学性和时效性,也为模型的优化提供了有力的支持。

平台为模型构建、知识整合和应用提供了统一的载体。平台集成了模型构建与管理、知识整合与应用、决策优化与智能推荐以及可视化展示与交互等功能,实现了模型、知识和决策的有机融合。通过平台,用户可以方便地获取所需的模型和知识资源,进行决策制定和优化。同时,平台还支持多种交互方式,为用户提供更加便捷的操作体验。

# 第9章  模型平台

模型平台是指按照"标准化、模块化、云服务"的要求,制定模型开发、模型调用、共享和接口等技术标准,保障各类模型的通用化封装及模型接口的标准化,以微服务方式提供统一的调用服务,供各级单位进行调用的平台。模型平台主要包括流域孪生体建模、水利专业模型、智能识别模型、可视化模型和模型管理和服务等内容。水利模型平台向下对模型进行集中统一管理、调用及提供相应接口支撑服务,向上为应用系统提供模型调用业务支撑,与数字孪生流域框架保持一致。与业务应用系统、模型层等逻辑架构关系见图9-1。

(1)模型层

模型层包括水利专业模型、智能识别模型和可视化模型。模型平台需要对上述模型进行统筹管理、调用与监控。

(2)数字孪生体

数字孪生体作为流域应用体系的基本结构单元,其属性与模型共同构成了其核心框架,为模型平台提供流域管理对象数据支撑。

(3)水利模型管理服务平台

作为模型层、业务系统层的对接平台,完成模型管理、模型服务、模型封装、模型计算、服务编排、模型调用安全管理等核心业务功能。

(4)应用系统层

包含"四预"要建设的防洪调度系统、水资源管理系统、其他业务系统。平台为应用系统层提供模型调用服务,包括来水预报、水库调度、洪水演进、水资源调配等。

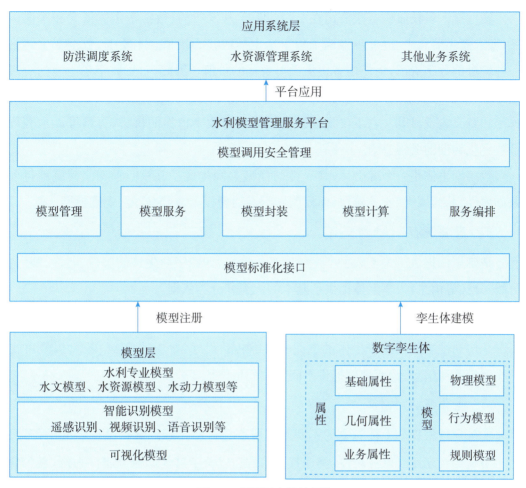

图 9-1  模型平台设计架构

# 9.1  流域孪生体建模

数字孪生体是物理对象映射到虚拟空间后的数字实体,是数字孪生应用体系中的基本结构单元。流域孪生体建模,是开展孪生流域虚实映射、互馈联动、模拟仿真的基础。

## 9.1.1  数字孪生体概念

从狭义上解读,数字孪生体乃是与物理实体一一对应的虚拟单元。在虚拟的数字孪生世界中,通过环境感知、事件模拟和态势推演等方式,孪生体的属性与行为得以实时更新,实现真实与虚拟的深度融合和动态仿真。而从广义的角度看,数字孪生体不仅限于物理世界的实体,还扩展到了人为构建的虚拟逻辑实体,囊括了物理世界中业务应用逻辑类型、工作实例聚合体等。

安世亚太科技股份有限公司在 2020 年 11 月发布的《数字孪生体概念和术语体系(征求意见稿)》中,进一步强调了数字孪生体的核心价值。本质上,数字孪生体是一种珍贵的数字资产,为使用者提供无可替代的价值。因此,对于数字孪生体的应用与管理,应借鉴数字资产管理的成功经验。在深入研究与实际应用中,数字孪生体的作用和意义愈发显著。它不仅是连接物理世界与数字世界的桥梁,更是推动水利行业数字化转型的关键要素。

数字孪生体是一个综合体,其属性与模型共同构成了其核心框架。其属性包含基础属性、几何属性、业务属性,而模型则涵盖物理模型、行为模型、规则模型。

(1)基础属性

基础属性提供了关于数字孪生体的基本信息,如数字孪生体的编号、名称、编码、分级、分类等信息,为孪生体提供了基本的标识和分类依据。

(2)几何属性

几何属性主要描述孪生体的空间位置、姿态、尺寸、对应的 BIM 模型,以及可视化模型等几何信息,为孪生体提供空间定位和形态描述。

(3)业务属性

业务属性根据孪生体对象的不同而有所变化。在实际的数据结构定义中,可采用自解析结构来定义业务属性,确保其灵活性。以一个具体的业务属性为例,它包含属性名称、类型、单位和值四个部分。每个孪生体对象都包含一个或多个业务属性。

(4)物理模型

物理模型定义了孪生体的物理特性,比如刚体、柔体的各种变化模型,硬度、材质、颜色等相关信息。通过模拟场景内物理参数的变化,可以动态计算并模拟真实的物理效果。

(5)行为模型

行为模型定义了孪生体内在的行为模式。以闸门为例,其行为模式包括打开闸门、关闭闸门。

(6)规则模型

规则模型也称为业务模型,根据孪生体对应的业务参数变化,计算孪生体的状态和行为。

上述 6 类数据,组成了孪生体基本的数据结构。孪生体对象管理、封装、应用基于该数据结构扩展。

## 9.1.2　孪生体分类分级标准

在数字孪生流域中,以流域防洪和水资源调配业务场景为核心,全面考虑业务场景中的物理实体、业务实例、任务聚合体等多个元素,并按照宏观到微观的设计原则,制定流域数字孪生体的分类分级标准,依次梳理出数字孪生体的基本构成要素和主要业务逻辑。

首先,逻辑上将数字孪生体划分为三个层次:

(1)应用层

应用层孪生体针对某一类具体业务应用,属于不映射具体物理实体的逻辑对象,如防洪调度、发电、航运、大坝安全等。应用层孪生体是包含一个或多个功能层孪生体,如需要综合现有业务应用、需要构建新的综合性业务应用。

(2)功能层

功能层孪生体针对某一个具体功能点的工作包,属于不映射具体物理实体的逻辑对象,如降水预报、洪水预警、应力监测、变形风险评估等。功能层孪生体包含一个或多个物理层孪生体。多个功能层孪生体可组合为复合功能层孪生体对象,允许复合功能层孪生体之间的嵌套组合,复合功能层孪生体与其子功能层孪生体之间形成父子层级结构关系。

(3)物理层

物理层孪生体针对真实要素,物理层孪生体对应一个或多个物理实体,如水文站、雨量站、流速、闸门、水孔、电机等。多个单一物理层孪生体可组合为复合物理层孪生体,并允许复合物理层孪生体之间的嵌套组合。复合物理层孪生体与其子孪生体之间形成父子层级结构关系见图 9-2。

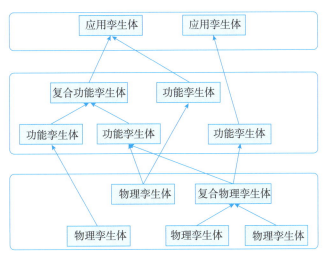

图 9-2　孪生体逻辑分级

用户可根据业务特点,逐级定义孪生体对象,应用层、功能层、物理层孪生体之间采用聚合模式,并不构成父子层级关系。

### 9.1.3 流域孪生体应用

在数字孪生流域业务应用过程中,从 2+N 业务类型出发,针对每项业务逻辑进行拆解,通过分解工作结构或工作包的方式,将流域的主要业务过程分解为 N 个层级的若干个子过程。根据不同流域的实际业务需求,针对重点关注的层级、子过程进行分析,完成流域孪生体的识别和分类,同时实现流域孪生体的结构描述文件。下面,以流域防洪业务为例:

(1)流域防洪业务功能层

1)水雨情预测模型孪生体

将水雨情预测功能定义为预报业务功能孪生体,主要用于获取流域防洪实体层中的水文站、雨量站发出的水雨情时序监测数据,作为输入依次通过业务模型和规则模型处理,基于上下游水文站孪生体对象、雨量站孪生体对象进行协同分析,对流域内一定预见期内的预测水位流量和雨量累计情况进行预测,通过行为模型对预测结果进行综合评估,并将评估结果返送至实体层孪生体。

2)调度方案推荐模型孪生体

调度方案智能推荐功能作为预案业务功能孪生体之一,主要负责串联预报数据和预警信息的下游处理工作(图 9-3),针对场景中产生的洪水态势和实体层防洪工程体系的孪生体状态,依靠业务模型中的防洪调度专业算法进行智能方案推荐,并通过行为模型将方案解构,及时地将方案各个调度指令建议发送至实体层孪生体,通过实体层孪生体的规则模型和行为模型响应,评估对比最佳方案。

(2)流域防洪实体层

根据洪水发生和演进规律,严格按照"拦、分、蓄、滞、排"多举措并行,从系统性流域防洪工程体系中提取出雨量站、河道水文站、水库、蓄滞洪区、堤防等关键要素作为物理实体孪生体。

1)雨量站孪生体

雨量站孪生体是各雨量站的数字化映射,能够实时提供局部区域的降雨观测数据,基于统计信息反馈累计雨量值,并根据降雨规模进行气象、地质风险预警。

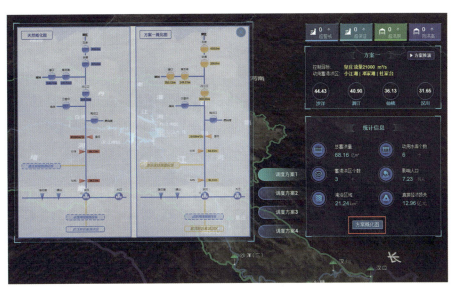

图 9-3 防洪调度方案推荐

2)河道水文站孪生体

该孪生体是对实体河道水文站的数字化映射(图 9-4),提供水文站所在河道段的水文指标监测情况和站点运行规律,并实时对监控站点水位值和保证水位、警戒水位之间差值变化做出反应,及时发出超保证或超警戒通知。

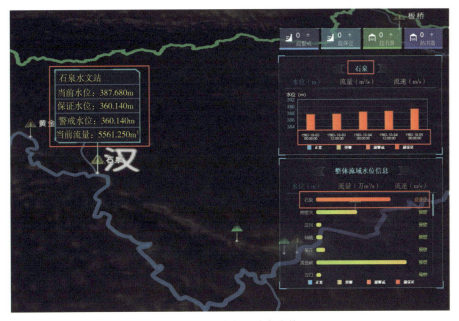

图 9-4 河道水文站孪生体

3）水库孪生体

水库是流域防洪体系中的重要组成部分。为了有效地进行防洪调度管理，可通过构建水库孪生体，收集水库在汛期的剩余库容、入库流量、下泄流量等时序数据，将数据作为模型输入提供给业务逻辑孪生体，并实时监听业务逻辑孪生体的综合态势判定和调度建议指令。通过图9-5所示的水库孪生体，可以模拟触发水库的蓄水、泄洪行为动作，推演水库调度预案过程，及时反馈方案预演执行成效，为防洪调度提供决策支持。

图9-5　水库孪生体

4）蓄滞洪区孪生体

针对行蓄洪空间对象进行数字化映射，主要对象包括蓄滞洪区、洲滩民垸等行蓄洪对象（图9-6）。每个对象包含启用状态、瞬时水位值、闸门流量、分洪量、面积、地理位置、边界、区域内的行政村、人口以及耕地等社会经济信息。

5）堤防孪生体

堤防是防止洪水带来直接损失的重要防线，因此将堤防的设计参数、承载指标、安全状态评估、巡堤记录作为孪生体的基础属性，定义堤防超限预警、组织加固作为堤防孪生体的行为。

建设流域孪生体体系的目的在于研判业务功能需求，以实际需求为导向，提前设计流域数字孪生应用系统的功能单元，模块化构建孪生应用，采用敏捷的方式作为系统开发方法，充分发挥模块化的低耦合优势，以组装的方式应对数字孪生系统的短周

期、快迭代等特点。

图 9-6 蓄滞洪区孪生体

## 9.2 水利专业模型

水利专业模型按照建模的方法和理论基础进行划分,主要包括机理分析模型、数理统计模型、混合模型等。机理分析模型基于水循环自然规律,用数学语言和方法描述物理流域的要素变化、活动规律和相互关系;数理统计模型则基于数理统计方法,从海量数据中发现物理流域要素之间的内在联系,并进行分析预测;混合模型是将机理分析与数理统计进行相互嵌入、系统融合,提供更全面的分析和预测能力。根据不同的应用场景,水利专业模型可细分为水文模型、水资源模型、水生态环境模型、水动力学模型、水土保持模型、水利工程安全模型等。

### 9.2.1 水文模型

水文模型通常意义上分为系统理论模型、概念性模型和数学物理模型,可应用于降水预报、洪水预报、枯水预报、冰凌预报、咸潮预报等水利业务场景。

系统理论模型又称为"黑箱模型"。该类型模型依据系统的输入输出资料,用某种方法推求系统的响应函数。这种模型的内部运行机制不是直接描述流域水文物理过程,而是通过经验分析对于一定的输入数据产生相应的输出结果。代表性模型有总径流线性响应模型(TLR)、线性扰动模型(LPM)及神经网络模型(ANN)等。

概念性模型是以水文现象的物理概念和一些经验公式为基础构造的,把流域的物理基础(如下垫面)进行概化(线性水库、土层划分、蓄水容量曲线等),再结合水文经验公式(下渗曲线、汇流单位线、蒸散发公式等)来近似地模拟流域水文过程,如Stanford 模型、TanK 模型、新安江模型、Sacramento 模型等都属于这一类模型。

数学物理模型依据物理学的质量、动量和能量守恒定律以及流域产汇流特性构造水动力学方程组,来模拟降水径流在时空上的变化,能够考虑水文循环的动力学机制和相邻单元间的空间关系,模拟参数可以直接测量或推算。其中,有代表性的模型包括 SHE 模型、SWAT 模型和 DBSIM 模型。

从反映水流运动空间变化的能力而言,水文模型可分为集总式水文模型和分布式水文模型。

集总式水文模型通常不考虑流域下垫面特性、水文过程、模型的输入变量等要素的空间差异性,模型中的一些水文过程通常由一些简化的水力学公式或经验公式描述,因此集总式流域水文模型属于概念性模型的范畴。分布式水文模型充分考虑了水文过程、输入变量、边界条件和流域几何特征的空间差异性,因此通常属于数学物理模型的范畴。

分布式水文模型多为松散结构,即假设流域中各子流域或子单元的水文响应式相互独立,整个流域的水文响应是通过对各子流域或子单元的水文响应进行叠加计算得到的;具有物理基础的分布式水文模型具有紧密耦合的模型结构,即采用一组微分方程及其定解问题描述流域产汇流规律。

## 9.2.2　水资源模型

水资源模型是一种数学模型,用于描述和预测水资源的变化和管理。它基于水循环原理和水资源的物理特性,通过建立一系列方程和参数来模拟水资源的供需关系、水质变化、水流动等过程,应用于水资源及开发利用评价、水资源承载能力与配置、水资源调度、用水效率评价、地下水超采动态评价等场景,以便为水资源管理和决策提供科学依据。水资源模型可以分为以下几类:

(1)水量模型

主要用于描述水资源的供需关系和水流动过程。常见的水量模型有水资源评价模型和水资源平衡模型等。

(2)水质模型

用于描述水资源中各种污染物的传输、转化和去除过程。水质模型可以帮助评

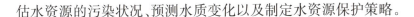

估水资源的污染状况、预测水质变化以及制定水资源保护策略。

（3）水资源规划模型

用于优化水资源的分配和利用方案，以满足不同需求和限制条件。水资源规划模型可以考虑经济、社会和环境等因素，帮助制定可持续的水资源管理策略。

（4）水资源决策评估模型

集成多个水资源模型和数据，用于辅助决策者进行水资源管理和决策，并提供多种方案的评估和比较，帮助决策者做出科学、合理的决策。

### 9.2.3 水动力学模型

水动力学模型是研究水体运动和相互作用的数学和物理模型。水动力学模型主要应用于明渠水流模拟、管道水流模拟、波浪模拟、地下水运动模拟等；泥沙动力学模型主要包括河道泥沙转移、水库淤积、河口海岸水沙模拟等；按照水动力学模型模拟的维度。

按照研究方法的不同，水动力学模型可以分为宏观与微观两类。从宏观角度出发的模型，一般假设流体连续分布于整个流场，诸如密度、速度、压力等物理量均是时间和空间的足够光滑的函数。这类水动力学模型采用的控制方程一般为简化后的 N-S 方程，即圣维南方程（一维）或者二维浅水方程（二维），是目前国内外使用最为广泛的模型。从微观角度出发的模型，采用非平衡统计力学的观点，假设流体是由大量的微观粒子组成，这些粒子遵守力学定律，同时服从统计定律，运用统计方法来讨论流体的宏观性质。这类水动力学模型采用的控制方程为 Boltzmann 方程。

按照水动力学模型模拟的维度，水动力学模型可以分为一维水动力学模型、二维水动力学模型以及三维水动力学模型。一维水动力学模型主要用于模拟沿特定方向（如河流轴线）的水流情况，适用于那些水流在横向上变化较小，而在纵向上变化较大的场景。一维水动力学模型通常用于模拟长而狭窄的水体，如河流和小溪。而二维水动力学模型考虑了水流在两个水平方向上的变化，即纵向和横向。这类模型适用于较宽广的水域，如湖泊、水库和沿海区域，其中水流在横向和纵向上都有显著的变化。三维水动力学模型提供了水流在所有三个空间维度上的全面描述，包括纵向、横向和垂向。这类模型最为复杂，计算量也最大，但能够准确地模拟各种复杂的水流现象，如湍流、涡漩和垂向分层等。三维水动力学模型通常用于需要高精度模拟的复杂水域，如大型水库、河口和近海区域。为了解决一、二维水动力学模型分别使用时经常遇到的空间分辨率和计算精度、计算时间等问题,发挥出各自的特色和优势,国内外研究者建立了一、二维耦合的水动力模型,比较成功的商业模型有SOBEK、LISFLOOD 和 MIKEFLOOD 等。

按照计算时是否需要网格,水动力学模型又可以分为有网格类模型和无网格类模型。大部分流行的计算流体力学方法都可以分为欧拉方法的网格形式和拉格朗日方法的粒子形式两大类。目前,水动力计算常用的数值方法如有限体积法、有限差分法、有限元法,都是在对计算区域进行网格划分的基础上进行模拟计算,网格可分为结构网格与非结构网格。这类数值模拟的先决条件就是在计算区域生成网格,这项操作常常占用很大的计算工作量并直接影响模型最后的稳定性,如有限差分法,为不规则及复杂边界构造规则网格是很困难的,经常需要复杂的数学变形去贴合边界。无网格法则脱离对网格的依赖,近年来得到了迅速发展。无网格法可以被分类统称为的 Galerkin 无网格法、Petrov-Galerkin 无网格法,或搭配无网状法。

### 9.2.4 水土保持模型

水土保持模型是用于预测和评估土壤侵蚀和水土资源管理的工具,主要应用于土壤侵蚀、人为水土流失风险预警、水土流失综合治理智能管理、淤地坝安全度汛等。根据其应用领域和功能,可以将水土保持模型分为以下几类:

(1)土壤侵蚀预报模型

用于预测土壤侵蚀量和侵蚀速率,帮助制定水土保持规划和决策。常用的模型有 USLE(通用土壤流失方程)、RUSLE(修正通用土壤流失方程)、WEPP(水土保持评估程序)、EUROSEM(欧洲土壤侵蚀模型)和 LISEM(土壤侵蚀模拟模型)等。

(2)土壤生产力评价模型

用于评估土壤的肥力和适宜作物生长的能力。EPIC(土壤侵蚀预测和农业管理模型)是常用的土壤生产力评价模型,通过模拟农田管理措施和气候条件,预测作物产量和土壤养分状况。

(3)非点源污染模型

用于评估农业和城市等非点源污染对水体的影响。AGNPS(农业非点源污染模型)是常用的非点源污染模型,可以模拟农田径流和养分、农药等污染物的迁移和转化过程。

(4)水土资源评价模型

用于综合评估水资源、土壤资源的状况和可持续利用性。SWAT(水文模型和土

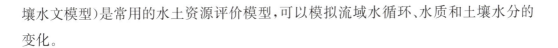

壤水文模型)是常用的水土资源评价模型,可以模拟流域水循环、水质和土壤水分的变化。

### 9.2.5 水利工程安全模型

水利工程安全模型是用于评估水工建筑物的应力、应变、位移、渗流等参数,以及进行建筑物的安全评价和风险预警的工具。水利工程安全模型在设计、施工、运营和维护水工建筑物过程中发挥着重要的作用,为确保水利工程的安全性和可靠性提供科学依据和决策支持。根据其应用领域和功能,可以将水利工程安全模型分为以下几类:

(1)应力应变与位移模拟模型

用于模拟水工建筑物在受力作用下的应力、应变和位移变化。这些模型可以通过输入水力、结构和地质等参数,预测建筑物在不同工况下的变形和破坏情况。常用的模型有有限元模型和有限差分模型。

(2)渗流模拟模型

用于模拟水工建筑物周围的渗流过程,评估渗流对建筑物稳定性的影响。这些模型可以考虑土壤水分运动、渗流压力和渗流路径等因素,帮助预测建筑物周围地下水位和渗流量的变化。常用的模型有 MODFLOW(地下水模型)、SEEP/W(渗流分析模型)等。

(3)建筑物安全评价模型

用于评估水工建筑物的结构安全性和稳定性。这些模型可以通过输入建筑物的结构参数和受力情况,进行结构强度和稳定性的分析、评估。常用的模型有结构分析软件(如 SAP2000、STAAD.Pro 等)和土木工程手册等。

(4)风险预警模型

用于预测水工建筑物可能面临的风险和灾害情况。这些模型可以通过考虑不同的灾害因素(如洪水、地震、风暴等),预测建筑物的受损程度和风险等级,从而提前采取相应的防护和应急措施。常用的模型有风险评估模型(如 HAZUS、RiskScape 等)和灾害模拟模型(如 FLO-2D、HEC-RAS 等)。

## 9.3 智能模型

智能模型主要指人工智能技术与数字孪生流域特定业务场景结合,产生的各类智能算法模型,通过对感知数据的智能判读,辅助业务决策。目前,应用较多的有针对图像、视频、语音、声纹、文本等数据的智能识别模型,并随着人工智能技术的深入发展,其在数字孪生流域的应用中也将越来越广泛。

### 9.3.1　无人机监测 AI 识别模型

以无人机的相机云台与 RTK 定位系统所获取的监测数据为数据源,利用无人机的快速与全方位采集的优势和机器视觉的智能识别技术,构建无人机监测 AI 识别模型,将人工智能赋予水利工程安全监测,贯穿海量数据从无人机原始数据分析到工程应用的全链路,在一些环境恶劣的地方,大幅缩短安全监测时间且提高监测准确精度,从而针对水库建立起高频次的动态监管体系,为有无裂缝、塌坑等混凝土工程病害提供智能化自动化安全预警与监测手段。

通过收集不同种类水利工程病害图像数据,制作病害监测对象样本库,并以此为基础,构建无人机巡检监测智能识别模型,并开展 AI 模型的训练和测试,实现目标对象的高效、高精度、高准确率的智能识别。

### 9.3.2　遥感监测 AI 识别模型

以天—空—地—水工一体化感知体系所获取的遥感监测数据为数据源,利用遥感大数据优势和影像智能识别技术,构建遥感监测 AI 识别模型,将人工智能赋能水利遥感,贯穿海量多源异构数据从处理分析到应用的全链路,从而大幅缩短遥感影像解译周期和提高解译精准度,形成全面动态监测成果,从而建立起大场景、高频次的动态监管体系,为乱占、乱采、乱堆、乱建、水域范围提取等方面提供智能化自动化识别手段。

通过收集各类遥感影像数据,制作大规模遥感监测对象样本库,并以此为基础,构建遥感监测智能识别模型,开展 AI 模型的训练和测试,实现典型对象的高效、高精度的智能识别。

### 9.3.3　视频 AI 识别模型

通过对视频监控点进行集中控制管理,形成视频监控中心,并针对视频监控画面利用人工智能技术智能识别视频中所需要的监管信息,从而解决人工监控视频无法24 小时不间断及多路视频无法逐一细看的问题,使得视频监控系统更加实用及智慧化。利用视频智能分析可以进行多种检测,比如突然入侵检测、移动物体检测、漂浮物识别等,从而可以对人或者物体的闯入进行判断、预警和抓拍,并且预留一定的接入能力。根据不同的监管场景分别建立视频智能分析模型,从而满足防汛应用、水环境监管、水体状态监控应用、库区安全监控应用、安全巡检应用及其他应用等。

通过收集各类视频数据和影像数据,制作大规模监测样本库,并以此为基础,构建视频监测智能识别模型,开展 AI 模型的训练和测试,实现典型对象的高效、高精度智能识别。

（1）船舶智能识别模型

通过视频图像处理和深度学习等技术,构建、训练船舶识别模型,实现监控区域内的船舶位置、个数等的智能识别。可实时识别出视频中船舶的位置、个数等,船舶识别的综合识别准确度在90%以上。

（2）工程车智能识别模型

通过视频图像处理和深度学习等技术,构建、训练工程车智能识别模型,结合视频摄像头所采集的图像数据智能识别监控区域内工程车辆的位置、数目和车辆类型等。可实时识别出视频中工程车的位置、数目、车辆类型等,工程车智能识别的综合识别准确度在90%以上。

（3）安全帽智能识别模型

通过视频图像处理和深度学习等技术,构建、训练安全帽智能识别模型,实现监控区域内人员是否佩戴安全帽的智能识别。可实时识别出视频中人员是否佩戴安全帽,综合识别准确度在95%以上。

（4）漂浮物智能识别模型

通过视频图像处理和深度学习等技术,构建、训练水面漂浮物智能识别模型,智能识别河湖表面是否存在垃圾、生物（如蓝藻）等漂浮物,自动识别漂浮物类型、位置、数量等,并提醒河湖保洁人员及时清理,保障良好的水环境,防止对水利设施安全运行造成影响。可实时识别出视频中漂浮物类型、位置、数量等,综合误差面积不超过10%。

（5）垃圾堆智能识别模型

通过视频图像处理和深度学习等技术,构建、训练垃圾堆智能识别模型,智能识别划定识别区域内的垃圾堆,并提醒环卫人员及时处理。可实时识别出视频中识别区域内的垃圾堆等,综合识别准确度在90%以上。

（6）人员入侵智能识别模型

通过视频图像处理和深度学习等技术,构建、训练监控区人员入侵模型,智能识别监控区域内是否有人员进入,分析其位置和数量,并可根据特定标识区分内部人员和外部人员。可实时识别出视频中人员位置和数量,并区分内部人员和外部人员,综合识别准确度在95%以上。

(7)水体颜色智能识别模型

通过视频图像处理和深度学习等技术,构建、训练水体颜色智能识别模型,智能识别水体中可见的水下塞氏盘深度,从而得到水体透明度,自动识别水体。可实时识别出视频中水体透明度,识别综合误差不超过5cm。

### 9.3.4 语音 AI 识别模型

基于人工智能语音识别技术、深度学习算法等技术手段,依托海量语音样本数据,构建语音 AI 识别模型,实现语音信号到相应文本的精准高效转换以及信息归类、关键信息提取等功能,为工程的管理提供赋能保障。可实时将音频信号转换为文本,在语音质量清晰条件下综合识别准确率在90%以上。语音 AI 识别模型可接入库区管理业务功能中,实现人工巡库语音记录现场检查的具体情况,能智能转换为文本信息存储,无须手动编辑大量文本信息,提高巡查效率。

## 9.4 可视化模型

根据《数字孪生流域可视化模型规范(试行)》,可视化模型是基于统一的时空基准,将数字孪生流域数据底板中多种类型数据进行有效组织,融合自然背景、流场动态、水利工程和机电设备等要素,构建流域防洪、水资源管理与调配等数字化场景,利用可视化模拟仿真引擎对各类要素及其组合进行图式和渲染表达,直观形象地展示水利对象的真实状态和变化过程(图 9-7)。

数字孪生流域涉及的可视化模型包含自然地理可视化模型、流场可视化模型、工程及设备运行可视化模型。可视化模型由两部分组成:一是可视化数据模型,二是数据渲染模型。可视化数据模型为物理空间提供数字孪生可视化表达方法,包含自然背景可视化、流场动态可视化、水利工程可视化、水利机电设备可视化、"四预"过程可视化等,是物理世界在虚拟环境映射的基础。数据渲染模型一般包括地理数据渲染模型、流程渲染模型、设备渲染模型等。良好的可视化数据模型,是可视化功能实现、数据高效传输、高性能渲染的基础,渲染模型优化能提升最终屏幕展示的渲染效果,达到良好的用户体验。

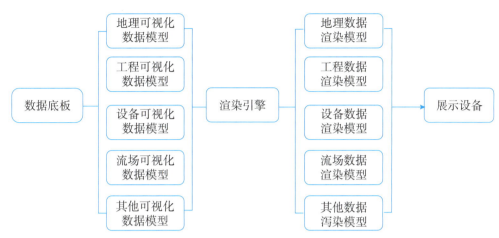

**图 9-7　可视化模型应用流程**

## 9.4.1　可视化数据模型

（1）自然背景可视化模型

依据影像和高程数据的空间地理位置，采用分层、分级的瓦片方式，构建适应于不同分辨率影像和数字高程模型的三维地理地貌场景。叠加三维实景模型、水利专题等数据，对自然背景进行可视化。

（2）流场动态可视化模型

流域虚拟仿真以水系为研究的中心和重点，河道水流的模拟自然处于关键地位。对流域中大范围的河流进行实时模拟，需要兼顾真实性和科学性，根据不同的需求，采取不同的模拟方法。河道水流是细长形的有向流动，对河道水流的模拟需主要表现以下几个方面：河流形态、河流流动效果、河流水位变化与淹没情况、河流具体流态和流速水深信息等。常用的模拟方法包括静态纹理贴图、纹理变换动态模拟、水面波动模拟粒子系统动态模拟、基于纹理的流场模拟等。

（3）水利工程可视化模型

基于 GIS+BIM 技术，将水利工程周边地形和水利工程室内外、地上下 BIM 模型进行可视，支持水利工程部件级仿真，能够室内外一体化漫游。构建水利机电设备操控运行模型（如闸门、发电机组开启、关闭、停机状态）、工程安全监测设施设备运行模型（如位移计、应力应变仪等实时数据）、水文气象监控设施设备运行模型（如雨量筒、水位计、摄像头等实时数据），实现流域工情对象模拟仿真及可视化呈现。

（4）水利机电设备可视化模型

可高度还原水利机电设备的形状、材料、纹理细节及复杂的内部结构。实现高精度、超精细可视化呈现。支持设备配置结构、复杂动作的全数据驱动显示，能对设备位置分布、类型、运行环境、运行状态进行真实复现。

（5）"四预"过程可视化模型

结合仿真引擎及防洪、监测、水资源管理、库区监管等业务，对"四预"过程进行可视化仿真。

## 9.4.2　数据渲染模型

数据渲染模型是数字孪生流域可视化模型的重要组成部分，负责将可视化数据模型中的数据以图形或图像的形式展示流域状况。具体来说，数据渲染模型的组成部分主要包括以下几个方面：

（1）地理数据渲染模型

负责渲染流域的地理数据，包括地形、地貌、河流、湖泊、植被等自然地理特征，以及道路、桥梁、建筑物等人工设施。通过对这些地理数据进行渲染，可以生成流域的三维地形图和场景图，让用户能够在虚拟环境中对流域进行全方位的观察和分析。

（2）流程渲染模型

负责渲染流域内的各种流程，包括水流、泥沙运动、污染物扩散等。通过对这些流程进行动态渲染，可以模拟出流域的水文过程和生态环境变化，帮助用户更好地理解流域的自然规律和人类活动对流域的影响。

（3）设备渲染模型

负责渲染流域内的各种水利机电设备，包括水闸、泵站、发电机组等。通过对这些设备进行三维建模和渲染，可以展示出设备的外观、结构和工作原理，让用户能够更直观地了解设备的运行状态和维护情况。

（4）光影渲染模型

负责模拟自然界的光照和阴影效果，增强流域场景的真实感和立体感。通过对光照和阴影的精细渲染，可以让用户更好地感知流域的地形起伏、水流动态和物体表面的质感。

（5）交互渲染模型

负责实现用户与数字孪生流域的可视化交互功能，包括场景漫游、视角切换、信息查询等。通过对交互功能的渲染和优化,可以让用户更加便捷地浏览和操作数字孪生流域,增强用户体验感和提高工作效率。

### 9.4.3　模拟仿真引擎

为满足数字孪生流域仿真场景规模大、细节精度高以及模拟推演流畅的要求,本书拟构建能够实现大规模场景高精度、高仿真、低延时渲染的高性能渲染引擎,支持大范围、高精度的地形模型、倾斜实景模型,高精细的 BIM 模型,大批量矢量数据的高性能渲染,支持动态水面、洪水演进、天气效果、光照效果等高动态仿真,支持场景刚体对象、流体对象的运动仿真。

仿真引擎一般包含以下部分:用于支持图形化表达的渲染引擎,在数字孪生平台里,一般是三维渲染引擎;用于模拟场景对象之间物理规律的物理引擎,比如重力、水流、碰撞等物理规律;用于定义对象行为模型,并按一定的规则,引导对象改变位置、状态的一套仿真算法;由于数字孪生具备功能性,除了模拟仿真外,基于三维可视化的分析也是仿真引擎需要支持的功能。

(1)高性能渲染引擎

渲染引擎是仿真引擎中最贴近用户体验的模块,其将数字模型渲染到显示设备,从而为用户提供直观的、逼真的、沉浸式的视觉体验。为满足数字孪生水利工程仿真场景规模大、细节精度高以及模拟推演流畅的要求,本书拟构建能够实现大规模场景高精度、高仿真、低延时渲染的高性能渲染引擎,针对不同类型的渲染对象,开发高性能地形渲染模型、实景渲染模型、刚性渲染模型、非刚性渲染模型、光照渲染模型、天气特效渲染模型、粒子特效模型。

(2)物理引擎

基于现实世界的物理定律,构建高真实度的物理引擎,使得系统中的对象运动与现实世界相匹配。拟将系统中的模型分为刚性模型和非刚性模型,并分别模拟其运动。刚性模型的运动主要涉及模型本身的物理属性、形状关节以及场景的物理属性。拟构建模型重心、摩擦力和弹力等物理属性,模型的形状、关节等几何属性,以及场景的重力、浮力等物理属性。将刚性模型结构划分为不同子模块,并分析子模块之间以及子模块和场景的受力情况,实现刚性模型的高保真运动模拟。非刚性模型的运动模拟主要是水流模拟,通过计算流体动力学中的 N-S 方程组来描述水流,并基于光滑粒子流体动力学方法(SPH 方法)分析流体与网格模型的作用关系,实现高效率、高精度的流体运动模拟。

（3）仿真算法

通过仿真算法实现对系统运行状态随时间变化的可视化数值计算。根据目标对象类型可划分为静态物体仿真、动态刚性物体仿真和动态非刚性物体仿真。静态物体的空间位置、物理特性等物理状态不随着时间变化而改变，只需引入 CAD 模型并赋予相应的材质，使其在视觉渲染层面与真实实体接近。动态刚性物体仿真，通过蒙特卡罗方法生成符合场景分布的随机数，对刚性物体进行结构划分，运用元胞自动机模型，分析不同子结构在场景中的运行状态。动态非刚性物体仿真主要为水流的仿真，包括流场仿真、洪水扩散仿真、大坝泄洪动态仿真等，拟综合数据底板、水利专业模型和知识库，构建各水流运动的相应模型，并在系统内集成相应的仿真模块。

（4）可视化分析算法

针对数字孪生流域针对性开发一系列通用可视化分析算法，动态三维可视化数字演进和分析过程，包括空间分析、热点分析以及水淹分析等。空间分析包括缓冲区分析和叠加分析。缓冲区分析以某一要素为源，分析周边指定范围内的地物信息，如洪水暴发区域 30km 范围内的医院、学校、居民区等信息，并通过高亮着色提升其显著性，从而为管理者提供辅助决策的依据。叠加分析功能就是基础地理数据与业务数据叠合并高亮显示，达到辅助决策的目的。热点分析算法旨在分析场景中某一属性（比如高程）的分布情况。指定一个或多个属性以及相应的运算函数，热点分析算法检索场景中所有对象的相应属性并用运算函数计算结果，获取所有计算结果的取值范围并映射到颜色空间，最后赋予场景对象相应的颜色，从而直观展示对象的属性数值特性。水淹分析算法旨在分析水体的淹没过程和淹没范围。基于水体体积信息和运动仿真技术，动态计算指定时间序列下水体的流动过程和水位数据变化，并基于渲染引擎渲染场景的水淹过程，为洪水灾害的预防和抢险救灾提供理论依据、决策支持。

## 9.5　模型管理

由于模型类型多样化、模型版本迭代、模型应用场景差异性等，为提高模型开发与应用效率，需针对不同种类模型的开发、注册、检验、更新、部署、应用等环节，构建合适的管理机制。

### 9.5.1　管理架构

针对数字孪生流域内包括预报、调度、工程安全等各类水利专业模型,提供各类模型版本管理、参数配置、组合装配、计算跟踪等服务能力,实现面向不同场景、业务模型灵活配置和调用。为满足未来业务灵活多变的需求,实现模型的组装和配置,水利专业模型平台可参考以下结构(图 9-8)进行建设:

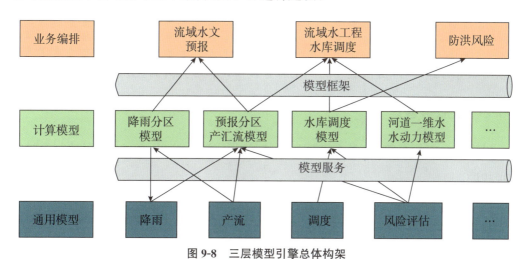

图 9-8　三层模型引擎总体构架

（1）通用模型层

第一层为通用模型层:采用"参数分离、对象解耦"方式,建立模型的通用化开发封装技术及模型的标准化接口,模型按标准接口定义参数、状态、输入输出等。这一层主要是水利计算的基础模型,在此基础上封装为云化的可复用模型框架,具备模型的装配能力,可灵活组装生成新模型,提高水利模型库的应变和适应能力。

（2）计算模型层

第二层为计算模型层:是各流域根据计算分析需要调用模型框架组装和扩展定制适用的模型,并完成单一通用模型(如水库的调度模型、安全预测分析模型、单个蓄滞洪区的应用模型等)或组合的多个通用模型(如水库单个预报分区的预报集合降雨、产流和汇流模型)的调参、率定等建模工作,实现模型实例化,为相关层级提供模型计算和成果调用服务。

（3）业务编排层

第三层为业务编排层:根据自身业务实际,基于数据底板建立干支流及水利工程上下游之间的联系、创建水利对象拓扑结构,依照实际预报调度方案,基于模型框架组装支持某一业务的支持模型。如流域预报模型，业务编排流程为，先将水库的各预报分区模型按水利关系进行业务编排，区间降雨预报模型计算结束，调用水库调度模型分析水库运用的影响，并对下泄流量调用河道内的洪水演进模型，实现"降水—产流—汇流—演进"的完整流程。然后接下一座水库，依此类推，完成一个流域（或子流域）的水文预报模型，也可以完成工程联合调度等业务编排，完成一个直接支持业务的模型。同时也可将这些业务编排的模型进一步组合，形成更为复杂的模型，支持更为复杂的业务。

构建的水利模型，均需能部署至水利部本级和对应的流域管理机构，水利模型平台以微服务方式，对外提供统一的调用服务接口，实现跨部门跨层级的共享。

## 9.5.2 微服务管理

模型平台微服务管理，具有模型的封装、注册、注销、启动、停止、权限控制等模型管理功能。

### （1）模型封装

根据水利部《数字孪生流域建设技术大纲（试行）》要求，模型平台构建应基于水循环自然规律、水量平衡原理等机理规律，构建不同尺度来水预报、水库蓄水淹没分析、库区及影响区洪水演进分析、工程综合调度等水利专业的机理分析模型，各水利专业模型能够独立计算分析，亦可结合孪生引擎，在业务功能中进行计算分析成果的实时演示，具备良好的人机交互能力，并可实现基于友好操作界面的计算参数调整以及模型算法调整。

为保障上述模型的普适性和通用性，本书建立一套标准的模型封装规范（图9-9），约定模型的接口形式，保持模型的一致性，使采用不同开发手段的模型都能够用统一方法调用。

模型定义时包括模型输入、模型实现、模型输出三个方面。其中，模型实现是与数据无关的算法，模型输入和模型输出都只约定输入输出项和格式，不在模型内预制任何数据。模型输入包含模型实现需要的所有数据项和数据格式定义（包括边界条件、模型参数、地理空间数据等），不同模型所需的输入不同，应单独定义；模型实现是核心算法部分，是模型实际计算主体，不包含任何具体数据，只包含算法本身；模型输出包括模型实现计算后得到的结果。因此，模型实现不再包含数据的存储和管理，数据和模型算法充分解耦，模型实现只做具体算法。最后，按上述规范定义的模型采用标准的 Http 服务形式提供接口。

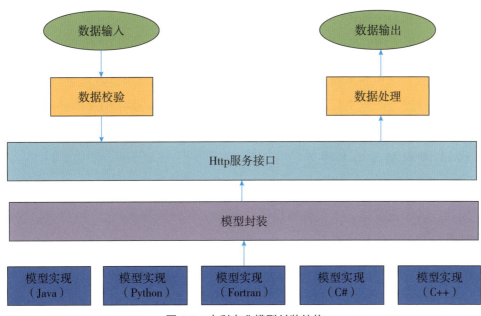

图 9-9 水利专业模型封装结构

（2）模型注册

模型注册是指将新建的流域模型添加到平台中，以便进行后续的管理和使用。注册过程需要填写模型的基本信息，如模型名称、版本号、描述等，并上传模型文件和相关数据。注册完成后，平台会为每个模型分配唯一的标识符，方便后续的管理和调用。

（3）模型注销

当某个流域模型不再需要使用时，可以进行模型注销操作，将其从平台中移除。注销操作需要谨慎处理，确保不会误删重要模型或数据。

（4）模型启动与停止

对注册的流域模型进行启动和停止操作。启动模型是指加载模型的运行环境，将模型数据加载到内存中，使其处于可运行状态。停止模型则是释放模型占用的资源，将其从运行状态切换到停止状态。这些操作可以通过平台提供的界面或 API 进行。

（5）权限控制

为了保证数字孪生流域平台的安全性和数据的保密性，需要对用户进行权限控制。不同的用户或用户组可以拥有不同的权限，如查看、编辑、删除模型等。平台可以通过角色基础访问控制（RBAC）或其他方法进行权限管理，确保只有经过授权的用户才能进行相应的操作。

（6）模型版本管理

随着流域的变化和更新，数字孪生流域模型也需要进行相应的更新和版本管理。平台应该支持模型的版本控制功能，允许用户上传和管理不同版本的模型，并记录每个版本的修改历史和更新说明。

（7）模型数据备份与恢复

为了防止意外数据丢失或损坏，需要对数字孪生流域模型的数据进行定期备份，并制定相应的恢复策略。平台应该提供数据备份和恢复功能，允许用户或管理员进行定期备份和按需恢复操作。

（8）模型可视化界面

为了方便用户对数字孪生流域模型进行管理和操作，平台需要提供可视化界面。该界面可以显示已注册的流域模型列表，以及每个模型的基本信息和状态。用户可以通过该界面进行模型的启动、停止、编辑和删除等操作，还可以对模型进行可视化展示及交互操作。

### 9.5.3 模型服务

数字孪生流域模型服务是一种基于数字孪生技术的流域管理服务，将物理流域与数字模型相结合，实现对流域的模拟、优化和预测。通过将物理流域与数字模型相结合，模型服务可以帮助决策者更好地理解流域的自然过程、人类活动和生态环境，从而制定出更有效的管理和规划策略。模型服务一般包括及时响应服务、离线服务、跨设备服务、模型编排和模型安全等内容。

（1）及时响应服务

模型服务需要能够在短时间内响应客户端的请求并返回结果。为了实现及时响应的服务，可以采用以下方法：

1）模型优化

对模型进行优化，减少模型的大小和复杂度，从而提高模型的推理速度。可以采用模型压缩、剪枝、量化等方法来优化模型。

2）硬件加速

使用专门的硬件加速器，如 GPU、TPU 等，来加速模型的推理过程。这些硬件加速器可以大幅提高模型的计算速度，从而减少响应时间。

3)分布式部署

将模型部署在多个服务器上,通过分布式处理来提高模型的并发处理能力。这样可以同时处理更多的用户请求,减少单个请求的响应时间。

4)缓存技术

使用缓存技术来存储模型的推理结果,当相同的请求再次到达时,可以直接从缓存中获取结果,避免重新进行计算。这样可以大幅减少响应时间。

5)负载均衡

通过负载均衡技术来分配用户请求到不同的服务器上,避免某些服务器过载而其他服务器空闲的情况。这样可以保证每个服务器都能够及时处理请求,从而减少响应时间。

6)监控和日志记录

对模型服务进行监控和日志记录,及时发现和解决性能问题。可以通过监控工具来查看服务的运行状态、性能指标等信息,及时发现和处理问题。

（2）离线服务

模型服务的离线部署可保证数据的安全性、隐私性,避免数据在传输期间被泄露。用户不仅能直接管理数据存储,还可实施端到端数据加密,确保数据在传输和静止状态下的安全。同时,用户能自主设置详细的审计日志和分析机制,及时发现并应对潜在的安全威胁。此外,用户还可根据最新的安全威胁和合规要求,及时调整安全策略。

对可控性、可靠性要求高的用户,离线部署可以避免网络带宽波动、计算资源紧张、网络安全等因素的影响,保障服务运行的稳定性。用户能设计和优化内部网络结构,减少传输延迟,也可在本地环境中快速升级硬件设备,从而维持和提升系统性能。用户可以通过创建独立的安全隔离区,构建沙盒环境等方式保障系统网络安全。

用户可根据自身业务特点,自主决定部署模型,如私有云部署、边缘部署、本地部署或混合部署等,对于简单应用场景,基于传统本地部署模式即可。

（3）跨设备服务

跨设备服务是指模型服务能够在不同的设备上运行和访问。为了实现跨设备服务,可以采用以下方法:

1)响应式设计

确保模型服务能够适应不同设备的屏幕尺寸、分辨率和操作方式。通过使用响应式设计,可以根据设备的特性调整用户界面和交互方式,以提供一致的用户体验。

2）云端同步

将用户的模型和数据存储在云端,并在不同设备之间进行同步。这样,用户可以在一个设备上开始使用模型服务,然后在另一个设备上继续使用,而无须重新配置或重新训练模型。

3）设备间通信

实现设备之间的通信和协作,以确保模型服务在不同设备之间的顺畅切换。可以使用无线通信技术(如蓝牙、Wi-Fi)或互联网协议(如 RESTful API、WebSocket)来实现设备间通信。

4）模型压缩和优化

针对不同设备的计算能力和存储容量,对模型进行压缩和优化,以适应各种设备的性能限制。可以使用模型压缩技术(如剪枝、量化、知识蒸馏等)来减小模型的大小和复杂度,同时保持模型的准确性。

5）设备端推理

将部分推理任务转移到设备端执行,以减少对云端的依赖和延迟。通过利用设备上的计算资源(如 GPU、NPU 等),可以在设备上直接进行推理,提高响应速度和用户体验。

(4)模型编排

模型编排是指在多个模型之间协调和组合它们的工作流程,以实现更复杂的任务或解决更复杂的问题。模型编排涉及将不同的模型、算法和数据处理步骤组合在一起,并确保其以正确的顺序和方式运行。例如,将流量模型、水质模型和供水模型组合在一起,进行综合分析和决策支持。在模型编排中,以下是几个关键的方面:

1）模型集成

模型编排的核心是将多个模型集成在一起,以便它们能够协同工作。这可以通过将模型链接在一起,或者通过构建模型之间的交互和依赖关系来实现。

2）模型选择和组合

在模型编排中,需要根据任务的需求和数据的特性选择合适的模型进行组合。这可能涉及对模型的性能、复杂度、计算资源需求等方面进行评估和权衡。

3）数据流管理

模型编排需要有效地管理数据流,确保数据在模型之间顺畅传递,并在必要时进行转换或预处理。这包括数据的输入、输出、中间结果的传递以及数据同步等方面的管理。

4）任务调度和协调

在模型编排中,需要对任务的执行进行调度和协调,以确保各个模型按照正确的顺序和时间点运行。这涉及设置依赖关系、优先级、并发控制等机制。

5）模型优化和调整

模型编排过程中,可能需要对模型进行优化和调整,以提高整体性能和效果。这包括超参数调整、模型融合、集成学习等策略的应用。

6）模型监控和维护

在模型编排的运行过程中,需要对各个模型和整个系统的状态进行监控和维护。这包括检测模型的性能变化、错误处理、日志记录等方面的管理。

（5）模型安全

模型服务的安全性与隐私保护是至关重要的,因为它们处理的数据往往具有高度的敏感性和价值。以下是关于模型服务安全性与隐私保护的一些关键方面:

1）数据加密

在传输和存储数据时,应使用强大的加密算法对数据进行加密,以确保数据在未经授权的情况下无法被访问或窃取。

2）访问控制

实施严格的访问控制机制,只有经过身份验证和授权的用户才能访问模型和数据。这可以通过使用多因素身份验证、基于角色的访问控制等方法来实现。

3）审计跟踪

建立审计跟踪机制,记录用户对模型的访问和操作历史,以便在必要时进行追踪和调查。这有助于检测和防止未经授权的访问或滥用行为。

4）匿名化和伪匿名化

在处理敏感数据时,可以使用匿名化或伪匿名化技术,通过去除或修改数据中的个人标识信息来保护个人隐私。模型服务的安全性与隐私保护是至关重要的,因为模型可能处理敏感和私密的数据。

# 第 10 章　知识平台

知识平台利用知识图谱和机器学习等技术，实现对水利对象关联关系和水利规律等知识的抽取、管理和组合应用，为数字孪生流域提供智能内核，支持正向智能推理和反向溯因分析，主要包括水利知识和水利知识引擎。其中，水利知识提供描述原理、规律、规则、经验、技能、方法等的信息；水利知识引擎是组织知识、进行推理的技术工具，水利知识经水利知识引擎组织、推理后形成支撑研判、决策的信息。知识平台应关联到可视化模型和模拟仿真引擎，实现各类知识和推理结果的可视化。

总体建设内容（图 10-1）包括水利知识库、大模型服务、知识引擎、支撑模型服务插件，形成对水利知识的自主学习、组织与优化、融合服务以及统一管理，为数字孪生平台数据和模型调用提供智能内核，面向水利"四预"业务应用提供预报方案、预警规则、相似场景推演、处置预案等知识反馈，全面支撑和提升流域防洪、水资源调配等 $2+N$ 项业务的精准化研判和科学化决策工作。

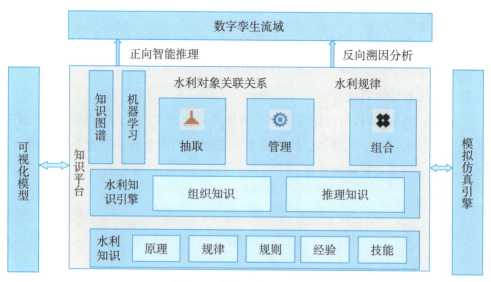

图 10-1　知识平台逻辑架构

## 10.1　知识库

水利知识库是以水利对象关联关系为基础,面向防洪兴利、水资源管理调配、工程安全、生产运营、巡查管护、综合决策等主要业务方向,通过从业务结构梳理、业务规则制定、历史场景收集及预报调度预案整合等方式,提供描述、原理、规律、规则、经验、方案等综合信息,集知识目录库、业务规则库、历史场景库、专家方案库于一体的知识库。

知识库数据源可以主要分为两大类:结构化数据和非结构化或半结构化数据。知识库可通过两种方式来构建:一是文件方式,主要基于文件系统来存储和管理数据。在文件方式中,数据通常以文件的形式存储在计算机或服务器上,每个文件都有一个唯一的文件名和存储路径。用户可以通过文件系统提供的界面或工具来访问、修改、删除和共享文件。实现基于文本自身的文件资源条目化管理。二是信息模型方式,数据被抽象为实体、属性、关系等概念,形成一个逻辑上的数据模型。数据模型可被计算机系统理解和处理,从而实现数据的存储、查询、分析和可视化等操作,实现数字化管理。

### 10.1.1　预报调度方案库

收集水文手册、水文预报方案、不同预报断面和预报单元的预报边界条件、产流方案、汇流方案、误差评定等内容。提取预报方案的适用条件、评价结果、产流模型、汇流模型等,将采用的洪水场次信息与相关站点进行关联,作为预报方案匹配条件。以下为预报调度方法库构建的具体方法:

（1）文件方式

文件方式预报调度方案库是基于各方案自身的文件资源化条目管理,提供方案文件的分类标签、文件上传、自定义条件查询、文件预览、文件下载、文件删除等功能。

分类标签用于对各类预报方案和调度方案文件建立分类属性,并通过属性标签进行标记,为自定义条件查询提供分类依据;文件上传支持用户将各类预报方案和调度方案文件上传到系统中,文件格式支持 pdf、doc、docx、txt、xls、xlsx 等常见的文本文档及表格格式,系统自动根据名称识别是否存在同名文件,避免资源冲突,支持用户重命名,最终存入数据库;自定义条件查询支持用户自定义设置上传时间、上传人、文件名称、分类标签、文件格式等多种查询条件,系统自动按给定的组合条件进行模糊匹配,并推送所有查询结果到界面;文件预览可针对用户选定的某一具体方案文件,自动调用客户端资源打开查看源文件,以只读模式查阅文案中的详细内容;文件下载可针对用户选定的某一具体方案文件,在客户端通过浏览器直接下载;文件删除主要针对无效、过时的方案文件,为管理员提供批量删除功能,为了防止对文件的误删,在文件删除前需要对删除操作进行确认,当点击确认后方可删除该文件,同时记录到日志中备查。

（2）信息模型方式

信息模型方式主要面向系统运行构建基于标准化模板的预报调度方案库,包括两个环节:一是信息模型的对象模板定义;二是信息模型的实例化数据管理。

1）信息模型的对象模板定义

信息模型的对象模板定义可自定义创建不同的对象模板,生成分类模板库,如河流、水库、水位站、水文站、雨量站、蒸发站、河段、气象分区、预报区间、产流单元、雨量权重、蒸发权重、预报模型参数、调度模型参数等。针对任一对象模板,可自定义创建不同的对象属性,如编码、名称、经度、纬度、描述等;所有对象属性可自定义声明其数据类型,如 String、double、int 等。

2）信息模型的实例化数据管理

信息模型的实例化数据管理可从模板库中自定义导入一个或多个对象模板;任一对象模板导入时,可根据其对象属性定义自动生成对应的实例管理界面,实现该类对象所有实例集合的信息录入、查询展示、信息修改、信息删除等管理功能。

## 10.1.2 历史洪水场景库

通过对流域典型年历史场次洪水的洪水过程、预报过程、调度过程研究及主要应对措施进行复盘,构建相似洪水指标体系,梳理总结典型相似洪水指标参数,挖掘提取历史洪水事件时空过程与防洪调度方案之间的关系,推演分析典型洪水及其放大后不同量级场景下的调度方案,为同类洪水事件的精准预报及决策提供知识化依据。通过历史典型洪水场景模式库的建设,梳理总结流域性洪水年预报调度全过程要素。对于预报,主要建设相似洪水指标体系,从降雨量、降雨空间分布、降雨历时、洪水起涨流量、土壤前期含水量等方面考虑;对于调度,主要考虑水闸工程的运用背景、运用条件、决策依据等。以下为历史洪水场景库构建的具体方法:

（1）文件方式

1）数据收集

需要收集流域历史场景相关的各种文件资料，包括历史洪水事件、河道演变、水利工程运行记录等。

2）分类标签

为收集到的文件资料添加分类标签，以便后期管理和查询。例如，可以按照年份、流域区域、洪水等级等进行分类。

3）文件上传与管理

支持用户上传和管理这些文件资料，确保数据的完整性和安全性。同时，提供预览、下载和删除等功能，方便用户使用和共享。

4）自定义条件查询

允许用户根据自定义条件查询历史场景文件资料，提高数据的使用效率。

（2）信息模型方式

1）对象模板定义

根据流域历史场景的特点，自定义创建相关的对象模板，如河流、水库、河段等。

2）对象属性定义

为每个对象模板定义相关的属性，如河流的长度、流域面积等。这些属性应该是能够反映流域历史场景特征的关键信息。

3）数据管理

从模板库中导入对象模板，生成对应的实例管理界面。在这个界面上，可以实现历史场景数据的录入、查询、修改和删除等功能。

4）数据关联

将相关的历史场景数据进行关联，形成一个完整的数字孪生流域历史场景库。这有助于更好地了解流域的历史变化和水利工程运行情况。

5）可视化展示

利用数字孪生技术，将历史场景库中的数据进行可视化展示，以便更直观地了解流域的历史变化情况。

## 10.1.3　业务规则库

业务规则库包括法律法规、规章制度、技术标准、管理办法、规范规程等。数据类型主要为文档资料类,故业务规则库重点针对流域工程调度的法律法规、规章制度、技术标准、管理办法、图纸及其他重要文档资料进行建设,实现文档的在线化、数字化、结构化管理,对业务规则进行抽取、表示和管理,支撑新业务场景规则适配,规范和约束水利业务管理行为,为会商决策应用提供支持。

业务规则库也可以通过文件和信息模型两种方式进行构建。其中,文件方式与预报调方案库相同。信息模型方式可按照"三类九项"增量式结构化描述方法,通过设计业务规则的统一通用信息模板,实现对各类业务规则标准化集中管理。其中,"三类"包括判别依据、决策措施和组合条件等;"九项"包括条款序号、判别因子、判别方式、判别值、决策类型、决策因子、决策值、关联条件、是否排序等。以下结合流域防洪业务,详细阐述流域防洪规则库基于"三类九项"结构化方法构建过程。

（1）条款序号

重点根据业务规则梳理形成的结构化条款,按自然数编号,具有唯一性,既用作当前业务规则的 ID 号,又用作当前业务规则在计算引擎中的驱动顺序。

（2）判别因子

主要包括 INQ、Z、TINQ、MONTH、OUTQ、MAXZ、MAXQI、FCOID、FCOZ、FCOQ 等。可根据业务需要不断增量定义,用作判断依据。上述因子中,INQ 代表入库流量、Z 代表库水位、TINQ 代表时段序号、MONTH 代表月份、OUTQ 代表出库流量、MAXZ 代表最高水位、MAXQI 代表入库洪峰、FCOID 代表防洪对象编码、FCOZ 代表防洪对象水位、FCOQ 代表防洪对象流量。

（3）判别方式

枚举量,用作判断条件,包括＞=、＞、<=、<、=。

（4）判别值

主要包括数值、TMAXINQ 等。可根据业务需要不断增量定义,用作判断边界。其中,数值代表具体的数字,TMAXINQ 代表洪峰时段号。

（5）决策类型

主要包括辅助条件、数值计算、模式控制、边界约束、防洪对象、特征统计等类别,可根据业务需要不断增量定义,反映当前条款的作用方式。

上述决策类型中,辅助条件代表当前条款是计算的前提条件;数值计算代表当前条款要求按照给定的决策数值进行计算;模式控制代表当前条款要求按照给定的决策方式进行模拟控制,如出入库平衡、敞泄等;边界约束代表当前条款要求计算完成后必须满足的检验条件,如不满足,则必须按给定边界反算,如计算完成后出库流量是否超过决策值、计算完成后水位是否超过决策值等;防洪对象代表当前条款要求针对防洪对象的给定指标进行决策控制,如按照给定的防洪对象水位或流量数值进行控制,若不满足控制要求,则调整水库策略直至满足当前防洪对象的控制条件为止;特征统计代表当前条款要求所有计算完成后需要统计的满足给定条件的特征值,如最高水位、最大出库、调度权限等。

（6）决策因子

主要包括 Z、OUTQ、RIGHT、FCOZ、FCOQ、MAXZ、MAXQO 等,可根据业务需要不断增量定义,用作决策依据。上述决策因子中,RIGHT 代表调度权限、MAXQO 代表最大泄洪流量,其余同判别因子的对应定义。

（7）决策值

主要包括出入库平衡、敞泄、入库洪水演进、出库洪水演进、数值、字符串等,可根据业务需要不断增量定义,用作决策结果。上述决策值中,出入库平衡与决策类型中的模式控制对应,代表当前条款要求按出入库平衡进行水库运行控制,来多少泄多少,维持水位不变;敞泄与决策类型中的模式控制对应,代表当前条款要求按最大泄流能力控制,出库流量按最大泄流能力计算,尽可能降低水位,但不能超过最大来水洪峰,避免人为造峰;入库洪水演进与决策类型中的模式控制对应,代表当前条款要求按水库入库流量往下游控制站点进行洪水演进计算,其中,下游站点对象编码由对应的关联条件指定;出库洪水演进与决策类型中的模式控制对应,代表当前条款要求按水库出库流量往下游控制站点进行洪水演进计算,其中,下游站点对象编码由对应的关联条件指定;数值与决策类型中的数值计算对应,代表当前条款要求按照给定的数值进行计算;字符串与决策类型中的特征统计对应,代表当前条款要求按照给定的字符串返回统计结果。

（8）关联条件

关联条件为一组条款序号数组,用作与当前条款必须同时生效的其他组合条件。若存在多个关联条件,则所有条款序号采用英文逗号分隔,如1,2,5,6。对于被作为关联条件的任意关联条款,在当前条款中,都仅有"判别依据"部分生效,即当前条款仅提取关联条款的判别因子、判别方和判别值三项作为关联依据。

（9）是否排序

是否排序为布尔型变量,用作当前条款是否需要按照对应的条款编码顺序执行。

若所有结构化条款无顺序,则当前项全部设置为0。若存在部分条款需要按先后顺序执行,则优先执行的条款序号应优先定义,然后将所有需要按顺序执行的结构化条款的当前项全部设置为1。

上述九项条款中,第1项为记录结构化条款的唯一编码,第2~4项共同构成了结构化条款的"判别依据"类,第5~7项共同构成了结构化条款的"决策措施"类,第8~9项共同构成了结构化条款的决策措施的所有"组合条件"类。

对业务规则进行结构化描述后,传统的方案文本即可转变为具备可视化管理能力的逻辑条款,从而具备可通用、可移植、可查看、可修改、可格式化存储、可驱动等特性。因此,本书结合结构化成果特点,设计结构化条款的可视化管理工具,对各类业务规则的结构化成果实现查询、修改、新增、删除、保存等功能。

## 10.1.4　专家经验库

基于专家经验决策的历史过程,利用"教学相长"模式,通过文字、公式、图形、图像等形式固化专家经验,结合AI算法,形成专家经验主导下的融合元认知知识,实现经验的有效复用和持续积累,促进个人经验普及化、隐性经验显性化,专家经验驱动的模式学习与探索为一键全自动诊断分析、复杂情境下的决策提供专家经验支撑。专家经验库建设主要包括重点流域历史场景预报调度经验挖掘、过程再现、经验验证、经验修正等。以下为专家经验库构建的具体方法:

（1）文件方式

1）经验收集与整理

邀请专家参与,通过问卷、访谈等形式,收集他们在流域预报调度方面的经验和知识。对这些经验进行整理,形成结构化的文档或报告。

2）文件分类与标签

按照流域、历史场景、预报调度方案等进行分类,并为每个文件添加相关标签,如经验类型、应用场景等,方便后期查询和管理。

3）文件上传与管理

将整理好的经验文档上传到系统中,建立一个专家经验库。提供文件的预览、下载、查询和版本控制等功能,确保数据的完整性和安全性。

4）经验验证与修正

定期对专家经验进行验证,确保其有效性和适用性。如有需要,可以邀请专家对经验进行修正或更新。

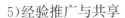

5)经验推广与共享

通过培训、讲座等形式,将专家经验推广给更多的用户。同时,利用数字孪生技术,将这些经验与流域的实时数据进行结合,为决策提供支持。

(2)信息模型方式

1)经验建模

根据收集到的专家经验,利用信息模型进行建模。定义实体、属性、关系等,形成一个逻辑上的经验模型。

2)数据存储与管理

将建模好的经验数据存储到数据库中,实现数据的集中管理和查询。提供数据的增加、删除、修改和查询等功能。

3)经验关联与分析

利用数据库中的关系,将相关的经验数据进行关联和分析。这有助于发现经验之间的内在联系和规律,提高经验的复用性和普适性。

4)智能诊断与决策

结合 AI 算法,利用专家经验进行智能诊断和决策。系统可以根据输入的流域实时数据,自动调用相关的专家经验,为决策提供支持。

5)模型更新与优化

根据实际应用情况和反馈,定期对经验模型进行更新和优化。这有助于保持模型的时效性和准确性。

## 10.2 知识引擎

水利知识引擎是组织知识、进行推理的技术工具,应实现水利知识表示、抽取、融合、推理和存储等功能,形成支撑研判、决策的信息。知识引擎主要是用于实现各类水利预案、方案的自动提取和识别,可将水利行业制定的各类复杂度高、规则性强的条文政策和方案预案等抽取成结构化数据,并进行表示、融合、推理和存储,可供业务应用调用。知识引擎主要具有知识建模、抽取、存储、融合、计算、表达等 6 项功能。

### 10.2.1 引擎功能

(1)知识建模:构建与世界的对话

在水利领域,知识不仅仅是文字和数据,更涉及复杂的时空关系、实体互动和演变过程。知识建模的任务就是将这些复杂、多变的知识进行结构化处理,形成一个能够反映真实世界情况的本体模型。这个过程中,不仅要考虑实体、属性和关系,还要引入时间和空间两个维度,确保知识的完整性和准确性。

（2）知识抽取：信息的提炼与升华

信息源中的知识是零散的、无序的,甚至是隐含的。知识抽取的任务就是要将这些原始信息进行深度加工,通过识别、理解、筛选、关联和归纳等步骤,将其中的知识点提炼出来,存入知识库。在这个过程中,不仅要处理结构化的数据,还要对非结构化的数据和半结构化的数据进行深度挖掘,利用空间分析、知识挖掘和深度学习等技术,发现其中隐藏的知识。

（3）知识存储：选择与优化

存储知识的方式会直接影响到知识的查询、计算和更新效率。传统的关系型数据库虽然成熟稳定,但在处理复杂关系和高效查询方面存在局限。而图数据库以其灵活的数据模型、快速的查询能力、简单的操作风格等特点,逐渐成为知识存储的主流选择。它能够提供更为丰富的关系展现方式,满足水利领域对知识的多维度需求。

（4）知识融合：消除歧义,达成共识

多源异构文本中的知识往往存在冗余和不一致的问题。知识融合的目的就是要消除这些歧义,形成一个统一、高质量的知识体系。通过实体链接、本体对齐等技术,我们可以将不同来源的知识进行归一化处理,清洗和规范其表达,从而确保知识的准确性和一致性。

（5）知识计算：完备性与覆盖面的提升

任何知识图谱都不可能完美无缺,总是存在某些不完备或错误的部分。知识计算的任务就是要通过统计、图挖掘和推理等方法,发现和修正这些问题,提高知识的完备性和覆盖面。例如,通过链接预测和不一致检测,可以找出图谱中的缺失部分和错误链接,进一步完善知识体系。

（6）知识表达：让知识"活"起来

知识的价值不仅在于存储和计算,更在于其能够被有效地传达和使用。流域时空知识的表达应当结合地图工具,形成静态、动态和交互式的表达模式,直观地展现格局差异、趋势特征和成因机理等系统性知识。这不仅便于专业人员识别和理解知识,更能为决策者和公众提供有力的信息支撑。

### 10.2.2　应用场景

**（1）自然语言解析引擎**

自然语言解析引擎是知识引擎的重要组成部分，能够从文本中识别出专有名词和命名实体，以及它们之间的关系和属性。例如，从一段描述河流的文本中，自然语言解析引擎可以识别出河流的名称、流经的城市、河流的长度和流域面积等信息。这些信息可以被提取出来，用于构建知识图谱。

**（2）预案匹配引擎**

预案匹配引擎能够根据输入的降雨信息，与已有的预案库进行匹配，找到最相似的降雨情况，并根据这个相似的情况提供应急决策参考。这种基于相似度的匹配方式，可以大大提高决策效率和准确性。此外，预案匹配引擎还可以综合考虑下垫面、工程调度等因素，提高匹配的精度。

**（3）知识推理引擎**

知识推理引擎可以利用已知的知识进行推理，得出新的知识或结论。例如，根据已知的河流流经城市和河流流入的信息，知识推理引擎可以推理出某个城市位于某个流域内。此外，知识推理引擎还可以根据历史事件预测未来可能发生的事件，这对于防汛抗旱等应急决策具有重要意义。

**（4）库—谱一致性维护引擎**

库—谱一致性维护引擎负责维护和更新水利知识库和知识图谱的一致性。水利知识库是一个动态变化的知识库，需要不断地新增、更新和删除知识单元。库—谱一致性维护引擎可以自动完成这些操作，并保证知识图谱的准确性和完整性。此外，该引擎还可以对水利知识的质量进行检查，避免不合格的知识进入知识图谱。

**（5）AI 分析推荐引擎**

AI 分析推荐引擎可以利用 AI 算法实现经验的有效复用和持续积累，将个人经验和隐性经验转化为显性知识，为一键式全自动诊断分析、复杂情景决策提供专家经验支撑。此外，该引擎还可以根据检索的结果进行相关或类似知识数据的推荐，提高检索效率。

## 10.3　知识管理

水利知识平台通过整合、组织和存储数字孪生流域知识，提供知识的检索、分享、

应用和更新等功能,以支持数字孪生在流域管理中的应用和发展。数字孪生流域知识管理系统能够为用户提供以下主要功能:

(1)知识整合与组织

将数字孪生流域领域的知识进行整合和组织,建立知识库或知识图谱。通过分类、标签、关键词等方式,对知识进行结构化和归纳,方便用户进行检索和应用。

(2)知识检索与分享

提供便捷的搜索功能,用户可以通过关键词、分类等方式检索所需的知识。同时,系统还支持知识的分享和交流,用户可以将自己的研究成果、经验和想法分享给其他用户,促进知识的共享和合作。

(3)知识应用与服务

系统提供数字孪生流域知识的应用和服务功能,包括流域模拟、水资源管理、环境评估等。用户可以通过系统提供的工具和功能,应用数字孪生流域知识解决实际问题,支持流域管理和决策制定。

(4)知识更新与维护

系统定期更新和维护数字孪生流域知识,包括新的研究成果、数据和模型等。同时,系统还支持用户对知识的更新和维护,用户可以提交新的知识、修正错误或提供反馈,保持知识的准确性和完整性。

数字孪生流域知识管理系统通过提供知识的整合、检索、分享和应用等功能,能够促进数字孪生流域知识的传播和应用,提高流域管理水平和效益。系统还可以通过用户反馈和知识更新,不断完善和丰富数字孪生流域知识库,推动数字孪生技术在流域管理中的创新和发展。

## 10.4 知识服务

知识服务在水利行业中的应用已经变得越来越重要。随着科技的进步和人工智能技术的日益成熟,以水利行业知识需求为核心的知识服务正在逐步发展和完善。这种服务整合了知识检索、推理、问答、可视化能力,并通过交互式服务封装和发布功能,为水利行业提供全面的知识应用服务。水利行业知识应用服务形式主要包括行业知识问答、水利行业知识图谱构建、知识分析及推荐等。这些服务形式可以帮助水利行业从业者更加便捷地获取和应用行业知识,提高工作效率和质量。在构建数字孪生水利知识服务的过程中,可以适当引入 ChatGPT、文心一言等市场主流的大模

型技术。这些大模型技术具备大规模知识推理能力、上下文理解能力以及语言表达能力,可以实现高性能拟人化的知识服务。利用这些技术,可以为水利行业用户提供更加友好易用的知识应用,帮助他们更好地理解和应用水利行业知识。

## 10.4.1　知识时空搜索

知识服务中的知识时空搜索是一种基于时空维度的知识检索和分析技术,结合了 GIS 和时序分析技术,通过对知识资源的空间和时间属性进行索引和查询,帮助用户在特定的时空背景下快速准确地获取相关知识。

根据用户提供的时空信息,检索与之相关的知识资源,满足用户的特定需求。例如,在水利行业中,用户可能希望了解某个地区的水文特征、水资源分布或者某段时间内的水质变化等信息,通过知识时空搜索,可以方便地获取这些相关信息。通过对知识资源的时空属性进行分析和挖掘,可以发现知识在不同时间和空间背景下的变化、关联和趋势。具体而言,知识时空搜索的实现可以包括以下步骤:

(1)时空数据整合

将水利行业相关的时空数据进行整合和预处理,包括地理空间数据、时间序列数据等。这些数据可以是来自观测站、卫星遥感、模型模拟等来源的水文数据、水质数据、气象数据等。

(2)时空索引构建

基于整合的时空数据,构建时空索引结构,用于快速查询和检索相关知识资源。时空索引结构可以根据具体的需求和技术选型进行设计和实现,如基于 R 树、Quadtree 等空间索引技术的时空索引结构。

(3)时空查询与分析

根据用户提供的查询条件和需求,利用时空索引结构进行时空查询和分析。用户可以指定查询的时空范围、属性条件等,系统根据这些条件进行高效的查询和分析操作,返回相关的知识资源。

(4)时空可视化与交互

将查询和分析结果以可视化的方式进行展示和交互。可以利用地理信息系统的可视化技术,将相关的时空数据进行可视化展示,如地图、图表等形式。同时,可以提供交互式的查询和分析工具,帮助用户更加直观地浏览和探索相关知识资源。

### 10.4.2 知识问答

行业知识问答是知识应用中最常见的服务模式,通过整合存储汇聚的知识库内容,构建交互式提问的模式,接收用户提出的业务问题,结合自然语言处理技术,如文本分析、实体识别、逻辑关系提取以及文本相似度计算等,将知识提问从自然语言转换为计算机语言,从知识库中进行问题的关键词或语义匹配,快速获取与问题相关的知识内容,生成关联度排名答案。

知识问答在知识服务中的作用主要体现在以下几个方面:

(1)快速响应

知识问答系统能够实时响应用户的问题,提供即时的答案和解决方案,从而大大提高了用户获取知识的效率和便捷性。

(2)个性化服务

知识问答系统可以根据用户的提问历史和偏好,提供个性化的答案和推荐,有助于满足用户的特定需求和兴趣,提高知识服务的满意度和效果。

(3)知识导航

通过问题分类和关联性分析,知识问答系统可以帮助用户快速定位到相关的知识领域和资源,实现知识的导航和导引。

(4)知识普及

知识问答系统可以将专业知识以通俗易懂的方式进行解释和传播,帮助更多人了解和掌握相关知识,促进知识的普及和应用。

### 10.4.3 知识可视化展示

知识服务中的知识可视化是一种将复杂、抽象的知识以图形、图像等形式进行展示和传达的技术。它利用视觉表征手段,促进知识的传播、理解和应用。知识可视化可以帮助用户更加直观地感知和认知知识,提高知识获取和应用的效率。

在知识服务中,知识可视化通过将知识以图形、图像等形式进行展示,可以帮助用户更加直观地理解和记忆知识。通过将知识与时空信息相结合进行可视化展示,可以帮助用户更加深入地了解知识的时空分布和变化规律,为决策和规划提供支持和依据。可以利用知识可视化技术对水资源分布、水质变化等进行可视化展示,为水利工程的规划和设计提供参考。

具体而言,知识可视化在知识服务中可以通过以下方式实现:

(1)概念图

基于有意义学习理论提出的图形化知识表征,用于揭示概念之间的关联和层次结构。

(2)知识语义图

以图形的方式揭示概念及概念之间的关系,形成层次结构,帮助用户理解和记忆知识。

(3)可视化分析工具

利用数据可视化和信息图形化技术,将复杂的数据和知识转化为直观的图表、图像等形式,帮助用户进行探索和分析。

(4)交互式可视化界面

提供交互式的可视化界面,允许用户通过操作界面来查询、浏览和探索相关知识资源,增强用户对知识的感知和理解。

## 10.4.4　水利行业知识图谱

知识平台集成信息来自数据底板的相关数据和模型平台的计算分析结果。这些信息经过水利知识引擎的处理后,形成知识图谱,用来支撑水利业务的应用。知识图谱作为一种新兴的知识表示和管理技术,能够有效地组织、整合和挖掘领域知识,支持构建数字孪生流域的知识平台,为数字孪生流域提供决策支持。

知识图谱以符号形式描述物理世界中的概念及其相互关系,其基本组成单位是〈实体—关系—实体〉三元组,以及实体及其相关属性—值对,实体之间通过关系相互连接,构成网状的知识结构。

知识图谱的构建过程主要包括知识建模、知识抽取、知识融合、知识存储,即从水利知识库数据出发,采用一系列自动或半自动的技术手段,从水利知识库中提取出水利知识要素,并将其存入知识库的数据层和模式层的过程。知识图谱可整合预报方案、专家经验、历史典型洪水场景、工程调度规则、预案等水利知识,提取出水利知识要素,构建流域知识图谱。知识图谱由一些相互连接的水利知识实体及它们的属性构成,利用可视化的图谱形象地展示流域防洪调度过程中的核心实体对象结构、从预报调度到洪水模拟过程中关联的知识结构及整体知识架构。

## 10.4.5　知识分析及智能推荐

知识分析及智能推荐是指针对某一具体问题,充分利用知识管理系统提供的基础知识管理功能,对问题相关知识数据进行清晰、去噪、去重等预处理操作,抽取目标问题的相关特征。通过数据挖掘算法技术,发掘目标问题相关知识项集的关联规则和聚类模式,结合时空序列对知识结论进行分析和预测,实现时空维度的知识预测推理和周期性规律变化,形成预测性结论和建议。

（1）知识关联分析

通过分析知识之间的关联和联系,揭示知识之间的内在联系和规律。这可以帮助用户更好地理解知识的结构和体系,发现新知识和潜在的应用领域。

（2）知识趋势预测

通过对知识的历史演变和发展趋势进行分析和预测,可以帮助用户了解知识的未来发展趋势和变化规律。这对于制定长期规划和决策具有重要意义。

（3）知识热点发现

通过对知识的使用频率、关注度等进行统计分析,可以发现知识的热点和重点领域。这可以帮助用户及时了解和跟踪热门话题和研究前沿,把握最新的发展趋势和动向。

（4）知识价值评估

通过对知识的质量、影响力、应用前景等进行评估和比较,可以帮助用户了解知识的价值和贡献。这对于知识资源的优化配置和利用具有重要意义。

# 第 11 章　应用开发平台

从业务角度出发,数字孪生流域除了聚焦于流域本身的防洪调度、水资源优化配置、生态保护、河湖巡查、综合治理等方向外,对外还需涵盖与相关流域之间的水网连通、水资源调配、防洪联合调度等跨流域业务,对内包含流域上重要水利工程,如水库、闸站、泵站、灌渠、输水管道等的运营调度管理,因此数字孪生流域可以看作是针对特定流域区域的数字孪生综合应用,其建设对数字孪生水网、数字孪生工程等起到承上启下的作用。从业务角度出发,数字孪生流域应用是一项具备多专业协同、多源数据融合、多技术耦合、多系统集成等特点的综合性信息化工程。为了响应上述特点,有必要研制一套从数据采集融合、数据标准和接口交互规范、业务孪生体组合管理、高性能虚拟场景模拟、人机友好交互的数字孪生应用基础平台(简称"孪生平台"),以此支持多专业业务设计与系统开发协同,提高流域数字孪生的建设效率。

根据数字孪生流域的应用需求,应用开发平台集成地理信息、BIM 模型、三维动画、动态仿真等图形化功能组件,接入数据处理、服务注册、Web 开发、安全认证、权限管理等开发中间件,并结合水利模型、水利知识图谱、智慧工程等专业能力,旨在打造一套开放、融合的孪生应用开发体系。此外,孪生平台整体基于 PAAS 技术架构,严格按照标准化、模块化、平台化的理念设计,实现云化部署的基础结构。

应用开发平台包含三大核心模块:大数据中心、数字场景编辑器(简称"场景编辑器")、数字孪生应用服务平台(简称"应用服务平台")。大数据中心建立了流域孪生业务应用开发的数据标准体系,从业务和数据两个方面进行综合考量,对每一类数据进行水利对象分类识别,形成统一的数据标准,并提供数据资源检索、数据共享机制和数据分析服务发布等功能。数字孪生应用服务平台提供数据资源整合、业务接口服务管理、项目资源分配、低代码开发、系统成果发布与部署等一体化集成开发框架,支持业务需求的快速响应,业务系统持续交付,是流域孪生应用构建过程中的集约化服务管理平台。数字场景编辑器为数字场景制作工具,其以高性能渲染引擎为基础,融合 GIS、BIM、仿真等图形功能,实现交互式的数据融合、场景构建、要素编辑、仿真模拟等图形功能,并提供数据可视化、云渲染发布、二次开发等服务,支持数字孪生流域数字底板建设与可视化仿真模拟应用(图 11-1)。

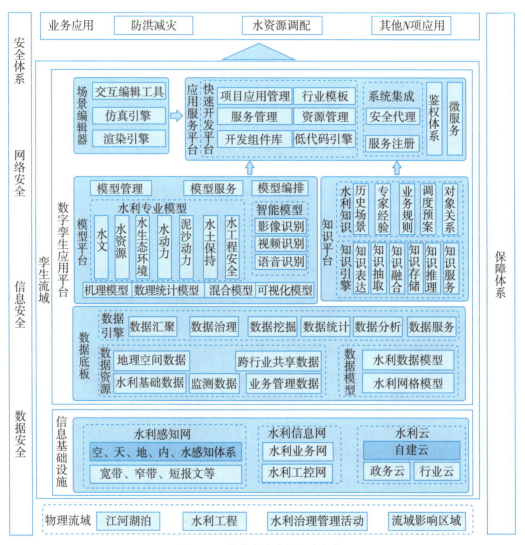

**图 11-1 数字孪生应用平台架构**

# 11.1 大数据中心

大数据中心依托数据引擎的核心能力,实现流域大数据的归档、管理、发布、检索、共享、专题制作等功能,搭建数据底板与孪生流域的应用通道。

## 11.1.1 数据归档管理体系

在数字孪生流域建设过程中,需要收集管理大量的不同来源、不同类型、不同质量的数据,如水情分析报告、流域工程调令、水文监测数据、工程机械设备状态、地质勘察数据、安全监测数据、基础地理信息数据、专题矢量图层数据、位置信息等,在没有建立统一数据转换标准的前提下,针对不同流域数字孪生的建设任务而言,存在着大量归集、清洗、结构化、服务化等重复性的数据处理工作,即便是通过人力和程序完成了这些数据处理任务,其完成的数据成果缺少数据交互标准和共享机制,往往容易形成一座座数据孤岛。

如果将数据归集和处理的工作步骤前置到孪生应用建设开始之前,专门针对基础性的业务数据、监测数据、地理信息专题数据进行管理,建立标准的元数据结构,从数据格式、来源、采集方式、具体用途等方面进行识别归类,将形成统一的数据交互标准和稳定可靠的数据归档通道,实现对历史存量数据和源源不断产生的新数据进行统一归类,从而形成一整套数据归档管理机制,为数据的一致性维护、质量保障、共享机制提供了平台化基础。

## 11.1.2　大数据中心技术框架

大数据平台(图 11-2)可通过采用分布式文件存储系统的方式,建立多数据中心元数据存储管理框架,实现数据中心公共基础数据的高效管理和检索。此外,围绕核心检索功能,大数据平台分别实现数据申请、数据审批下载、数据地图在线浏览、数据专题产品制作、服务发布等应用功能。

**图 11-2　大数据中心**

（1）数据核心检索功能

以数据归档管理体系中建立的数据归集标准和元数据描述为基础,针对多源异构数据提供相互转换、理解和互操作的规范。在海量结构化业务数据和非结构化的地理空间数据存储的场景下,仅靠单一关系型数据库是无法满足数据存储需求的,需要通过建立分布式存储系统,借助主流的商业大数据平台 Hadoop、Spark 等产品的存储拓展和计算能力。在大数据检索方面,平台采用 Elasticsearch 分布式搜索引擎技术,通过设计索引结构、优化索引设置、制定查询策略、监控查询检索效率、反馈优化等方式,建立一个高效、稳定且安全的高效索引体系,满足各种复杂查询需求,为业务提供高效可靠的数据支撑。

(2)数据地图在线浏览

在数字孪生流域应用建设过程中,需要依赖大量的非结构化地理空间数据进行综合展示和业务分析,因此大数据平台提供了基于二、三维地图的地理空间数据在线可视化功能(图11-3)。该功能提供了数据快速上图、地理空间信息提取分析等操作。通过上述操作提供的包含地理空间上下文的多维度数据信息,实现了结合距离、方向、拓扑关系等地理空间关联规律的复合型业务数据产品制作,帮助用户深度理解隐藏在业务数据中的空间关系,充分挖掘业务数据的潜在价值。

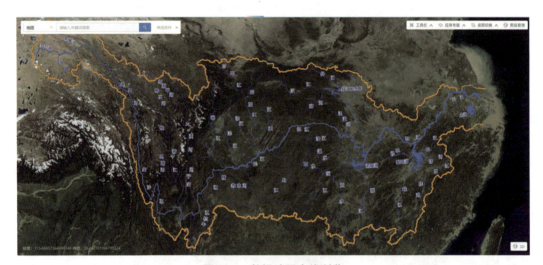

图11-3 数据地图在线浏览

(3)数据专题产品制作

基于大量积累和收集的业务数据资源,大数据平台融合了业务领域数据需求,构建支撑防洪调度、综合水资源配置、河长制管理、环境资源保护等业务方向的专题数据产品,为孪生应用提供基础数据支撑服务。

(4)数据审批共享

大数据中心需制定相关数据分级审批共享制度(图11-4),此目的是确保数据的安全性、合规性和有效利用率。审批共享制度要求用户在获取数据前提交业务申请,经过审批确保申请合法合规后方可获取数据。这一流程不仅保障了多方数据汇集后的安全与隐私,同时促进了数据的规范使用,保障了数据资源的有效管理和价值最大化。

图 11-4　数据审批共享

### 11.1.3　流域大数据专题应用

在数字孪生流域建设过程中,通过构建大数据中心提供的一站式专题数据应用工具集合,对流域业务中重点关注的防洪抗旱、水资源配置、水生态、河湖长管理、灌区管理、城市水务等专题领域进行数据识别和归集,并分别对不同业务范围的数据进行统一的清洗和管理,通过建立数据依赖模型、血缘关系、异常数据剔除、数据质量验证等一系列的数据工艺流程,将专题数据原料备好。随后,根据大数据平台提供的数据挖掘能力,结合数据地图可视化、空间分析、数据回归趋势分析、模式识别等辅助功能,从数据资源中发掘流域各业务线中各个要素之间存在的关联关系、水文现象的过程规律,整合数据条目,形成业务数据产品集(图 11-5)。

图 11-5　专题应用数据清单

### 11.1.4 数据服务发布和共享

大数据中心采用分布式数据存储技术、元数据共享与交换技术、三维地理信息技术,搭建了大数据中心共享机制,实现数字孪生流域项目内部各业务线数据的归档、管理、维护与共享,提高各个业务线生产数据的使用价值。

## 11.2 数字场景编辑器

在数字孪生流域系统中,数字场景编辑器是一种用于创建、编辑和模拟三维场景的软件工具。它可以帮助用户构建逼真的三维流域环境,包括地形、水体、植被、建筑、天气等自然和人工要素,并且支持导入各种地理信息数据、水文数据等,以便进行分析和模拟,从而达到辅助决策的目的。数字场景编辑器主要包含渲染引擎、仿真引擎、场景数据规范以及场景编辑工具四大部分。

### 11.2.1 渲染引擎

渲染引擎是数字场景编辑器中的核心组成部分,负责将虚拟世界中的各种对象和场景要素通过复杂的计算转化为二维图像,以便于在屏幕上显示。这个过程包括了光线追踪、光影计算、色彩处理等诸多步骤,以达到尽可能真实的视觉效果。在这个过程中,渲染引擎还需要考虑到各种硬件和软件的限制,以保证图像的质量和渲染的效率。

在数字孪生流域中,首先,渲染引擎需要经过精细的渲染展现出流域的详细景象,包括水流、植被、建筑物、天气等多种自然元素,为用户提供一个直观、真实的观察和分析环境。其次,渲染引擎还需要实时更新渲染结果,以反映出流域的各种动态变化,比如水位的涨落、水流的动向等。这就需要渲染引擎具备高效的处理能力和灵活的适应性。针对数字孪生流域场景中可能出现的渲染对象分为以下几类:自然地理环境渲染、矢量数据渲染、实体模型渲染、天气效果、光照效果、粒子渲染、动画效果等。

(1)自然地理环境渲染

在自然地理环境渲染中,渲染引擎可以呈现数字孪生流域场景中的地形、地貌、水文系统、植被等自然地理要素,以模拟真实世界中的自然地理环境。

地形和地貌是自然地理场景渲染的重要内容,渲染引擎可以利用高程数据、遥感影像等信息,呈现出山脉、河流、湖泊、平原等地形特征,以及山体坡度、坡向等地貌特征(图 11-6)。通过光照和纹理映射技术,地形地貌可呈现出逼真的质感和细节,让用户感到仿佛置身于真实世界。

图 11-6　地形地貌渲染效果

水文系统的渲染也是自然地理场景渲染的重要部分。通过模拟不同水文条件下的水流、水位、水体分布等情况,实现对水资源的管理和水灾风险评估的仿真。利用真实感的水面反射、折射和动态水流效果,展现出水体的真实感和流动感(图 11-7),为用户提供直观的视觉体验。

图 11-7　水体渲染效果

此外,植被的渲染也是自然地理场景渲染中不可或缺的一部分。渲染引擎可以模拟不同类型的植被,包括森林、草地、湿地等,以模拟植被的分布、生长状态和对环境的影响。逼真的植被渲染可以增强虚拟场景的真实感。

(2)矢量数据渲染

在数字孪生流域中,矢量数据可以精确地表达地理空间信息数据等业务相关数据。矢量数据可以无损地放大或缩小,因此可以详细展示流域的各个部分,包括河流、湖泊、堤坝、桥梁、电站等实体模型的虚拟表示,以及库区淹没线、移民线、监测数据等虚拟对象的表示。此外,矢量数据有着丰富的样式,如尺寸、宽度、颜色、透明度等,还支持呼吸、高亮、流动、泛光等特效渲染(图11-8)。通过以上不同样式和特效的组合,展现出不同流域的各种特征,如水流的方向、速度,水资源的调度过程等。这些在水资源综合管理,流域防洪演练等业务上有广泛应用。

图 11-8  矢量数据渲染效果

(3)实体模型渲染

数字孪生流域的实体模型,通常为 BIM 模型,如大坝、水库、水闸、监测站等水工建筑物,桥梁、道路、房屋等普通建筑物,是通过对现实世界的物体进行详细的几何建模和纹理映射创建的。在渲染效果上,渲染引擎通过 PBR 技术,可以呈现出物体的真实外观、形状、大小、材质和光影效果(图11-9)。为了模拟表达精细化的业务应用,如大坝智能化运维、闸机升降模拟等,这就要求模型数据有着非常高的坐标精度,以展示出它们的结构、设计和使用状况等信息。

除了 BIM 模型之外,数字孪生流域相关的业务模拟大多离不开水体的支持,如洪水演进、蓄滞洪区分洪模拟。为了满足上述模拟要求,水体需通过规则网格体或不规则三角网的形式建立实体模型。这些实体模型可以用于描述和模拟不规则形状的水体表面,并且可以准确地表示水体的形状、大小、深度、流速等属性信息,还能够实时响应并更新水流内部的参数动态变化,以便及时反映水流的实际情况,确保模拟结果的准确性和渲染效果的真实性。

图 11-9　船体、护堤模型

（4）天气效果

自然界包括了晴、雨、雪、雾、风等多种天气现象,每种天气对流域范围内的自然环境和人文景观产生影响。在数字孪生流域中,天气效果渲染可以帮助用户更好地理解和感知流域场景在不同天气条件下的状态和变化,为用户提供更加真实和丰富的视觉体验(图 11-10)。

天气效果渲染包括以下几个方面:①天空渲染。模拟天空的颜色、亮度,云彩的类型、分布和移动速度等效果,呈现出不同的天气状态。②降水渲染。模拟雨滴、雪花等降水效果及相应的雨声、雷声等声音效果,并且与建筑模型、地形等实体表面产生相应的水滩、雪地效果,并且可以设置降雨或降雪的强度和分布。③大气渲染。调整大气密度、雾的浓度、光的散射等参数,可以渲染不同气候条件下的大气效果。

（5）光照效果

在流域场景中,根据一天中的不同时间可分为日出、上午、中午、下午、夜晚等时间段,动态调整光照效果以保证与真实世界的太阳活动规律相一致。渲染引擎可以模拟太阳的位置、强度和颜色,根据时间调整太阳光的照射角度和亮度,从而呈现出不同时间段的太阳光照效果(图 11-11)。还可以模拟天空光的颜色、亮度和散射程度,根据时间调整天空光的颜色和亮度,呈现出日出、日落前后天空的色彩变化。

图 11-10　降雨天气效果

图 11-11　天空光照效果

(6)粒子渲染

粒子渲染在数字孪生流域中是一种重要的渲染技术,通过模拟大量微小粒子的运动、变化和交互,来创建复杂的自然现象和特效。每个粒子都具有自己的属性,如位置、速度、大小、颜色等。通过控制这些属性的变化和运动规律,可以实现诸如水流、烟雾、火焰、雨雪等效果的渲染,增强模拟的视觉效果。

(7)动画效果

动画效果是通过连续播放一系列静态图像或调整对象的属性来呈现动态视觉效果的技术。在数字孪生流域中,渲染引擎利用动画效果技术,可以根据数据或模拟结果,对流域场景中的对象进行动态展示,以呈现出随时间变化的情景。

例如,在流域场景中进行漫游时的相机动画。用户常常需要通过场景漫游来观察和分析流域的整体和局部情况。在这个过程中,相机动画使用户能够以平滑、自然的方式在虚拟场景中移动和观察。相机动画可以根据用户的输入或预设路径,实现平移、旋转、缩放等运动,使用户能够以不同的角度和距离观察流域范围内的景象。同时,可模拟水工建筑模型的内部动画效果,如船闸动画等。通过根据船闸的实际运动规律和参数进行设置,如开启速度、关闭速度、运动轨迹等,模拟船闸的开启和关闭过程。从而使用户可以直观地了解船闸的工作原理和运动过程,增强用户的感知和反馈,提高操作的准确性和效率。

## 11.2.2 仿真引擎

仿真引擎是指用于对数字孪生流域场景进行仿真、模拟和分析的一系列功能模块。仿真引擎可以提供高效的计算和模拟功能,帮助用户对各类流域模型进行各种复杂的水文、水资源、水动力等方面的仿真和分析,从而为流域管理和决策提供科学依据。仿真引擎一般结合物理引擎、仿真算法和可视化分析等技术手段。

(1)物理引擎

物理引擎是仿真引擎的核心组成部分,负责模拟数字孪生流域的物理过程和现象。物理引擎基于现实世界的物理规律,对水流、水质等进行模拟和计算。物理引擎通过引入流体动力学、水文学、环境科学等学科的模型和方程,可以精确地模拟水流的运动、变化和交互作用,从而为仿真模拟提供可靠的基础数据。例如,在水库调度中,物理引擎模拟水库的蓄水、放水过程,预测水库的水位、流量等变化情况,为水库的安全运行和管理提供依据。在水流模拟中,物理引擎可以模拟河流、湖泊等水体的流动和演变过程,预测水流的速度、方向、水位等变化情况,为防洪、治理等提供决策支持。

（2）仿真算法

仿真算法根据物理引擎提供的物理规律和基础数据进行仿真计算和结果输出。根据不同的需求和应用场景,选择合适的数学模型和计算方法,对全流域范围进行全面的仿真和分析。例如,水动力学模型算法,通过引入流体动力学方程和边界条件,可以模拟河流、湖泊等水体的流动、波动、混合等现象,适用于洪水演进模拟、河道整治设计、桥梁墩柱冲刷预测等场景。再如水质模型算法,用于模拟水质指标在水体中的扩散、对流和反应过程。通过引入溶解物、污染物等的传输和转化方程,可以预测水质指标在水体中的分布和变化情况。该算法适用于水质预测、污染源追踪、水环境容量计算等场景。还可以引入优化搜索算法,来求解复杂的组合优化问题,如遗传算法。该算法可以用于优化水库调度规则、水资源配置方案等,以达到效益最大化或风险最小化的目标。

（3）可视化分析

可视化分析算法用于将物理引擎和仿真引擎算法产生的大量数据转换为直观、可理解的图形或图像,以便更好地理解和分析流域的状态和变化。如数据场可视化算法,该算法常用于将标量、矢量和张量场数据可视化为等值线图、流线图和矢量图等,用于展示水流速度、水位高度、水质浓度等数据的空间分布和时间变化。又如体素渲染算法,该算法主要用于对三维数据进行直接体渲染,可以展示数据的内部结构和细节。通常用于展示水库、河道等水体的三维结构和水流状态,帮助决策者更全面地了解流域范围内的三维空间特征。特征提取与识别算法可以从大量的数据中提取出重要的特征和规律,如水流的速度峰值、水质的超标区域等。通过对这些特征的可视化展示,可以帮助决策者更快地发现问题和制定针对性的措施。

## 11.2.3 场景数据规范

在数字孪生流域场景的构建和应用过程中,场景数据规范是指对流域场景数据进行采集、处理、存储、分析和可视化等环节时需要遵循的一系列标准和规则。这些规范涉及数据的空间参考系统、精度、格式、更新、元数据、场景组织结构等方面。

（1）空间参考系统规范

规定了流域场景数据所使用的空间参考系统为 EPSG:4326,坐标用经纬度坐标表示,确保数据的空间一致性和可比性。

（2）数据精度规范

规定了流域场景数据的精度要求,包括空间精度、时间精度和属性精度,数值上

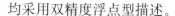

均采用双精度浮点型描述。

（3）数据格式规范

规定了流域场景数据的存储和交换格式。地理信息空间数据通常使用 OSGB、GeoTIFF、Shapefile 格式，水工建筑等三维实体模型使用 FBX、OBJ、glTF 等通用的三维模型格式。这有助于实现数据的共享和互操作。

（4）数据更新规范

规定了数据的更新频率、更新方式和更新范围等，以确保数据的时效性和正确性。

（5）元数据规范

定义了描述流域数据的数据，包括数据的来源、质量、处理过程等，有助于流域数据的理解和使用。

（6）场景组织结构规范

数字孪生流域场景整体采用树状结构进行组织，以 Json 文件形式存储。场景本身作为 Json 文件的根节点，场景数据要素如地形影像数据、矢量数据、模型数据、动画数据等按照数据类别分为不同的子节点进行存储。每一个子节点下面又包含相应数据类别的若干数据图层。

## 11.2.4　场景编辑工具

场景编辑工具允许用户创建、编辑和修改数字孪生流域场景。由于场景编辑器对接应用服务管理平台，用户可以根据数据资源清单，自主导入如地形数据、遥感影像、矢量数据、实体模型、倾斜模型等多种类型的数据。其实时交互和可视化特性增强了编辑过程的直观性和效率。添加到场景中的数据由世界大纲统一管理，并可通过属性栏进行精细的属性编辑、样式调整等。场景编辑工具中常见的交互编辑工具有以下几类：

（1）地形地貌编辑工具

地形地貌编辑工具允许用户创建、导入、编辑和修改流域范围内的地形地貌特征，包括高程、坡度、地貌类型等。编辑工具还可以提供一些地形自动生成算法和模拟工具，以辅助用户创建具有真实感的地形。

（2）模型编辑工具

模型编辑工具允许用户导入多种类型的模型数据，如建筑物、泵站、监测站等 BIM 模型，以及矢量模型、倾斜模型、动画模型等。对于导入的模型数据，用户首先可以对模型的位置、旋转和缩放参数进行调整，以满足场景布局和视角需求。其次是模型的细节编辑，如添加或修改模型表面纹理表现，矢量数据点位的添加、移动和删除操作等。此外，用户还可以对模型进行切割、合并、复制等操作，以实现模型的精细修改和复杂场景构建（图11-12）。

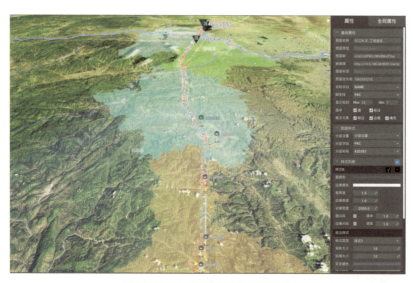

图 11-12　矢量数据样式编辑工具

（3）材质编辑工具

材质编辑工具可以让用户自定义物体表面的外观和质感，包括但不限于颜色、反射率、透明度、粗糙度、细节纹理等材质参数。这些参数决定了光照射到物体表面的结果（图11-13）。用户可以选择预设材质库中的材质或者自定义新的材质，以根据需要实现合适的视觉效果。

图 11-13　材质编辑工具

（4）环境编辑工具

环境编辑工具用于创建和修改场景中的环境属性，如光照、天空、气候等。用户可以调整场景中的光源类型、位置、强度和颜色，并且可以添加额外的光源来模拟不同的光照条件。用户还可以根据环境需要设置如雨、雪、云、雾等天气效果，以改变场景的整体氛围和光照效果（图 11-14）。

图 11-14 环境编辑工具

（5）动画编辑工具

动画编辑工具用于创建和编辑流域场景的动画效果，如相机动画、路径动画、模型变形动画、骨骼动画、粒子动画等，以模拟流域范围内的状态变化和运行过程。编辑工具通过提供对时间轴和关键帧进行编辑，可以方便用户对动画参数进行精确的控制和调整，达到理想的运动过程。

## 11.3 数字孪生应用服务平台

目前，数字孪生流域建设需求旺盛，相关数字孪生项目在水利行业广泛开展推广应用。这些项目存在建设周期紧迫、数据来源繁杂、缺乏一致性规划等问题。因此，亟须提出一套结构解耦灵活、技术集成高效、需求响应迅速的数字孪生流域应用的开发框架，使研发人员在面对上述问题时，能够做到原型快速设计、应用敏捷开发、技术高效集成、产品灵活变更。数字孪生应用服务平台，以低代码开发引擎为核心，集成数字孪生体管理、接口服务注册、数据资源融合、业务场景模板开发、智能孪生技术应用等功能，围绕数字孪生应用系统快速开发与持续交互的建设目标，以图形化、可视化的方式为研发人员提供了开放性的协同开发体系，建立了多技术快速集成机制，围绕数据支撑、模型计算、UI界面、服务接入等核心开发流程，辅助业务人员、研发人员无缝协作，提升系统开发效率和业务价值。

## 11.3.1 低代码开发模式

低代码开发模式是一种基于可视化编程、预构组件库以及业务事件驱动的开发架构。数字孪生应用服务平台提供了一套完整的低代码开发流程，包括核心低代码编辑器、涵盖导航栏、表单、统计图表、Web控件等各种常见功能需求的基础组件库，基于长期项目积累的流域2+N业务专题组件库，强大的物料资源管理功能以及兼容第三方业务系统的接口服务注册模块。其中，低代码编辑器(图11-15)以拖、拉、拽和配置行为属性的方式替代了传统的应用开发过程，实现了页面布局、组件编排、物料加载、事件管理、场景交互等核心开发流程的配置化，简化项目开发的流程，减少项目技术人员的种类和人数投入，提升业务人员参与比例，在少量开发技术人员的参与下，快速响应真实业务需求，低成本构建数字孪生应用系统。

**图 11-15　低代码编辑器**

（1）页面布局编排

低代码编辑器提供了自定义页面布局的画布和基本操作，通过画布的标尺、大屏分辨率尺寸、组件尺寸、自动对齐等辅助性功能，轻松实现页面布局编排。编辑器顶层工具栏提供了资源检索、模板导入、组件清单、操作撤销与恢复、成果预览及保存等基本功能，辅助业务人员通过可视化操作的形式完成页面应用的开发工作。

（2）组件配置使用

数字孪生应用服务平台提供了丰富实用的组件库以供业务人员自由选取。组件库按照类型划分为通用型、专业型。通用型通常包括常用辅助工具（文本、图片、视频、音频、计时器、滑动条、选择器、时间轴、轮播图、导航菜单栏、树状导航栏等），常见图表（柱形图、折线图、折柱图、饼状图、气泡图、蛛网图等），容器类（Tab 容器、内联框架容器、云渲染容器、GIS 地图容器）等。通用型组件库主要为常规信息系统搭建提供基础实现，针对数字孪生流域此类聚焦业务型的应用系统建设特点，平台专门为数字孪生流域提供了相关业务专题的组件库（图 11-16），分别从"四预"过程中提取了大量的公共业务模板，形成基于数据驱动的流域专题组件。

组件提供了外观样式、数据渲染源、UI 交互操作、自定义脚本数据过滤等配置功能，基本实现了定制化页面应用的低代码搭建过程。

图 11-16　专题组件模板

## 11.3.2 数据资源和服务分发

在低代码开发模式下,数字孪生流域应用过程中依赖的 UI 资源和业务数据可以通过数字孪生应用服务平台提供的数据资源管理和数据服务注册与发布机制实现注入。数据资源管理模块(图 11-17)主要负责集中式管理各个孪生应用项目文件形式的资源,主要包括通用型三维模型、地形数据、倾斜数据、矢量文件数据以及 UI 美术设计资源等。这些资源可以通过上传到平台进行统一的文件编号管理,也可以通过第三方上线后直接注册到平台的数据资源管理器中,减少冗余存储,实现了存量系统中资源再利用的目的。用户可以在平台关联的场景编辑器、低代码 UI 编辑器等工具中直接使用管理器中的文件数据资源。

图 11-17 数据资源管理

数字孪生应用服务平台设计了第三方服务集成机制(图 11-18),开发数据服务注册与发布模块(图 11-19),提供了第三方服务接口注册、服务可用性监控、服务管理、安全代理验证、地址代理等功能,主要为存量系统的业务模块资源和接口重用提供了快速接入通道,并通过建立在线安全认证协议,将各个模型库、知识库、基础数据库以及已建业务系统串联到一起,为数字孪生流域应用提供多方位的数据和业务计算支撑。

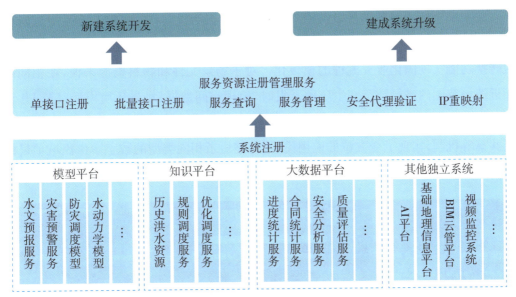

图 11-18 服务集成机制

图 11-19 数据服务注册与发布

## 11.3.3 模板开发管理

在数字孪生流域开发过程中,必然会产生大量的数字资产,如业务过程、孪生体资产、数字底板等。如果将积累下来的数字资产通过抽象化、模板化处理,形成通用型的业务模板、场景模板,那么在面向相同流域范围内的数字化建设任务时得以复用,可以减少重复性投入,提高数字化应用建设效率。

数字孪生应用服务平台提供了应用模板化的灵活机制(图11-20),在平台编辑创建的数字孪生流域应用成果中,可以筛选出固化的业务流程 UI 组件或页面,通过模板转换功能实现固化业务流程的模板化。对于场景文件和物料资源来说,在相同或相近流域范围内进行数字孪生应用开发时,地理空间数据、场景环境模型以及 UI 设计物料理论上都是可以共享使用的,因此,平台还提供了数据资源公共发布、场景模板共享等机制,实现了全方位的应用模板化,缩短了相同类型的数字孪生流域项目的开发周期,能够快速响应市场化需求。

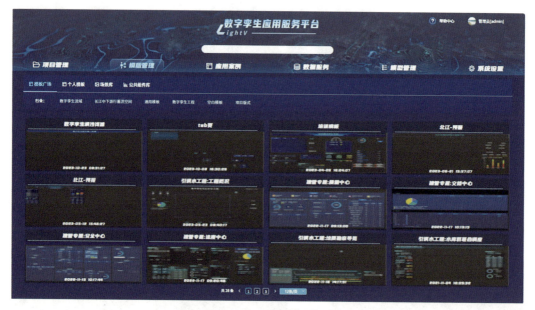

图 11-20　业务模板广场

## 11.3.4　智能孪生应用集成

在技术日益进步的今天,AI智能技术已经成为现代化信息系统中不可缺少的一部分,而数字孪生流域应用领域主要关注的真实物理流域系统与虚拟数字化流域孪生体之间的互动模拟、推演仿真往往很难通过常规的信息化手段复现,因为真实世界的计算量是很大的,而且运转模式也很复杂,难以通过简单的参数描述,人机交互方式受到了自然语言的理解限制,孪生体也无法获取到真实世界对象或生产系统的行为机制,综上可见,只有在数字孪生流域建设中积极接入人工智能 AI 技术,才能够实现真正意义上的数字孪生。

数字孪生应用服务平台不仅能够提供全面感知数据的接入标准,也提供了开放的技术能力集成框架。结合现阶段主流的人工智能发展情况,通过自定义开发组件集成云端服务的模式,将语音合成交互,图像、文字、视频识别,语言大模型等先进智能化技术插入平台的拓展插槽中,即在低代码编辑器中拖入预置的智能化组件,接入业务数据,对智能模型进行动态可视化参数调整,通过可视化的方式将AI技术组件集成到各个数字孪生应用中,为数字孪生流域建设提供智能化算法和云端算力。

## 11.3.5　成果快速发布部署

应用服务平台的数字孪生流域建设成果可以通过两种方式进行发布部署:

(1)平台内发布

通过平台项目管理模块提供的快照创建和发布功能(图11-21),实现应用建设成果的实时版本发布和自动部署(图11-22)。部署成功后,用户可以通过建立限时分享链接生成访问地址,平台也将自动发布案例版本,以供用户查看。

(2)独立部署运行

平台以docker技术为核心,提供可跨平台部署的服务端镜像资源。部署人员无须配置软件环境,通过点击发布部署包按钮即可一键生成应用系统部署包(图11-23)。部署包成果可以支持C/S、B/S多种架构形式,满足用户各种部署环境需求。

图 11-21　项目应用成果快照创建与发布

图 11-22　案例成果发布

图 11-23　一键发布部署包

# 第 5 篇

# 基础·体系

通信网络与算力是数字孪生流域建设的基础。监测感知端到数据服务端的信息传输，数据中心与计算中心之间的通信，控制端对设备端的指令发送，流域各部门之间的协同决策、数据共享等，都离不开高效的通信网络。通信网络的性能是数字孪生流域系统实时性、及时性等指标的关键因素，特别针对防洪、排涝、避险等应急管理业务，必须保障网络的畅通、高效、稳定。算力是保障数字孪生流域高效应用的另一个关键因素，海量数据参与的模型计算、推演模拟需要强大的算力支持，模型运算速度越快，监测间隔时间可以更短，从而保证数字孪生系统的时效性，同时也为实时推演模拟提供计算支撑，提高决策的科学性与精确性。

为实现数字孪生流域多部门、多专业协同建设，保障在建设过程中，数据一致性，服务一致性，首先需定制统一的数据标准与服务标准，基于统一的数据、服务标准，集成整合已建系统、在建系统、新建系统之间的能力，实现不同部门之间、不同专业之间、不同业务之间的综合协同决策。

由于水利关系国计民生，信息安全凸显重要。数字孪生流域建设，需严格遵循国家信息安全相关政策，按水利部要求，构建严格的信息安全保障体系。

# 第 12 章　信息基础设施

## 12.1　通信网络

### 12.1.1　信息网

水利工程应用系统种类较多,业务重要性差别较大,对网络性能要求不同,应在保证应用系统数据信息传递安全可靠的前提下,以资源共享、带宽共享、节省投资为原则进行计算机网络规划。

对于计算机监控应用来说,由于监控中心,对各现地站、闸门、泵站、阀门的控制指令,需基于控制网传送与反馈,要求实时性最强、安全要求也最高,需要与外界网络物理隔离,采取专网专用的方式建设一张独立的计算机监控专用计算机网络系统(简称"控制网")来承载这类应用。

对于内部业务管理应用来说,其实时性和安全性要求要稍弱于计算机监控,但是这类服务属于工程管理的内部应用系统,且所需网络带宽较大,需要与外界公众互联网隔离,建设一张各业务共享的计算机网络系统(简称"业务网")来承载这类应用。

对于外部信息服务应用来说,由于这部分服务需要与外界建立直接连接,需要接入互联网,可能会受到外部网络攻击,因而存在一定的安全风险,不能与上述两类应用共用计算机网络系统,而应该与上述两类应用的计算机网络系统进行有效隔离。

### 12.1.2　控制网

控制网在整个计算机网络中安全级别最高,主要承载各个现地站闸门、泵阀启闭状态的相关控制信息等计算机监控系统的应用,其带宽需求较小,但对网络安全可靠及时延要求较高。根据各现地站监控内容,以及应具有的监测、启闭、存储等功能,把每个现地站所辖闸泵阀设备抽象成监控对象,负责为远程监控系统提供监控服务。

从安全性、可靠性角度考虑,控制网需要与外界网络系统进行物理隔离,严格限制其与业务网之间的数据传输流量及内容。基于这个原则,可将智能水量调度系统置于业务网,不放在控制网,智能水量调度系统除进行调度计划及指令发布外,还要负责和其他各应用系统的信息交互和综合。如果置于控制网,将会造成控制网和业务网间的数据流量及类型不可控的情况,而将其置于业务网,就只需要在监控系统和水量调度系统间传输调度指令数据和现地闸泵阀设备的状态特征数据两类,易于通过单向网闸设备进行数据传输的管控。控制网建设可分三级部署,分别是总调中心、分中心、现地站。

(1)总调中心网络

在总调中心配置核心交换机用于分中心的骨干网络接入。总调中心接入区域包括办公接入域、计算存储域、安全管理域,在接入边界设置接入交换机,运维管理域直接旁挂于核心交换机。

(2)分中心网络

分中心部署汇聚交换机,上联至总调中心的核心交换机。接入区域包括办公区、计算存储区,在接入边界设置接入交换机。分中心汇聚交换机与各管理站交换机互联。

(3)现地站网络

在各现地站部署三层交换机并上联至所属分中心汇聚交换机,现地站可根据需要部署接入交换机进行 PLC、操作员站等各类终端设备接入。在现地接入层,环网结构的设计,使任意接入节点出现故障都不会影响包括自身在内的网络可用性,以最大限度地确保现地站网络的可靠性。由于控制网的安全可靠性要求较高,在建设中要充分考虑网络备份。

## 12.1.3　业务网

业务网部署的应用系统主要包括信息监测预警与管理系统、水量调度系统、工程建设管理系统、工程安全监测与管理系统、工程维护管理系统、综合信息分析与可视化系统平台、工程数字门户等。需要接入的采集终端主要包括水文测报信息采集终端、水力量测信息采集终端、工程安全监测信息采集终端、环境保护监测信息采集终端、视频监控与安防信息采集终端等。其中,数据量比较大的主要是视频监控系统,因为其需要传输高清视频信息,因此带宽占用较大。业务网建设可分为四级部署,分别是总调中心、分中心、管理站、现地站。

（1）总调中心

在总调中心部署万兆路由器用于分中心的骨干网络接入。同时，部署核心交换机、接入交换机等设备，承载总调中心各类业务数据交互。总调中心路由器与分中心路由器互联。

（2）分中心

分中心部署路由器上联至总调中心，同时，部署核心交换机，承载各区域之间的数据交互。接入区域包括办公区（无线接入区）、计算存储区、视频安防监控接入区。分中心路由器与管理站路由器互联。

（3）管理站

管理站部署路由器上联至所属分中心路由器，办公区部署接入交换机。管理站路由器与现地站汇聚交换机互联。

（4）现地站

在现地接入层，可设置分区域接入环网，汇聚后，与管理站路由器相连。终端接入设备主要为各类采集终端。

## 12.1.4　网络管理

（1）网管软件

在总调中心配备网管软件（控制网、业务网、互联网各一套），对所有网络设备统一管理，并提供流量监控与分析功能，为计算机网络管理、利用和性能评估提供支撑。

（2）IPv6 地址管理

考虑 IPv6 的全面启用，需配置 IPv6 地址管理功能，整合 DHCP、DNS、IP 地址管理，为业务网和互联网 IPv6 演进升级提供核心支撑服务，实现 IP 地址全生命周期的自动化管理，包括 IP 地址规划、IP 地址分配、IP 地址回收、IP 地址管理、IP 地址检测等，从而实现整体网络、应用、终端的平滑升级，提升系统的可靠性和安全性。

（3）IPv6 网络监测

IPv6 在业务网和互联网部署场景下，面临设备种类繁多、设备数量巨大、设备管理协议不同的问题。通过 IPv6 网络监测，可全面、深入地实现地址定位、设备管理、地址及链路质量监测、网络异常告警等功能。

## 12.2　算力建设

### 12.2.1　建设原则

按照"统筹规划、集约共享、适度超前"的原则建设云计算平台,云平台需支持对CPU、各类存储、网络硬件进行虚拟化和单元化,支持基于国产化软硬件环境构建。在水利部、流域机构的一级水利云节点和省级水利部门二级水利云节点的基础上,工程管理单位根据实际算力需求和安全要求,可采取自建云平台或租赁商业云的方式。

### 12.2.2　云平台指标

（1）满足高可用性

通过集成海量存储和高性能的计算能力,云平台能提供较高的服务质量。云平台可以自动检测失效节点,并将失效节点排除,不影响系统的正常运行。云平台不针对特定的应用,在抽象化资源的支撑下可以构造出千变万化的应用,同一套资源可以同时支撑不同的应用运行。

（2）满足高可扩展性

云平台的规模可以动态伸缩。由于应用运行在虚拟平台上,没有事先预订的固定资源被锁定,使用户可以随时随地根据应用的需求,动态地增减 IT 资源,可以满足特定时期、特定应用及用户规模变化的需要。

（3）满足高可靠性

云平台采用数据冗余来保证数据的可靠性,数据多副本容错、计算节点同构可互换等措施保证了数据存储的可靠性。任何节点发生物理故障,云平台会自动把任务转移到其他物理资源继续运行。

（4）集约化建设

虚拟化技术可以将物理服务器虚拟为多台性能稍逊的虚拟机,云平台可以对平台中的所有虚拟机进行监控和管理,以及对资源进行灵活的调度和分配。云平台提供的是资源服务。云平台支持用户在任意位置、使用各种终端获取应用服务。所请求的资源来自虚拟化后的抽象资源。抽象资源的实现机制对用户透明,用户使用终端就可以获取所需的服务。

（5）高性价比要求

由于云平台可以采用相对廉价的服务器节点组建,而且采用自动化集中式管理,则企业无须负担高昂的数据中心管理成本。云平台的通用性使资源的利用率相较早期的传统系统性能有大幅提升;终端用户仅需一个要求极低的终端,就可以体验虚拟化云平台带来的丰富应用。

## 12.2.3  云平台框架

云平台系统架构主要分为基础设施层、虚拟化资源池层、服务管理层,基础设施层和虚拟化资源池层提供硬件资源基础管理,基于硬件来构建池化的虚拟资源,包括服务器虚拟化、存储虚拟化、网络虚拟化等。服务管理层向管理员或用户提供云平台服务,包括用户管理、资源管理、业务编排、策略配置、迁移备份、复制分发和运维监控等服务。

# 第 13 章　标准体系

## 13.1　数据标准

数据标准建设是数字孪生流域数据底板建设的基础。基于标准化的数据体系，支撑孪生流域的协同开发、资源整合、系统集成、成果复用、功能扩展。

### 13.1.1　地理空间数据标准

地理空间数据特征包含数据格式、数据精度、坐标体系、时间体系等。地理空间数据包含地形、影像、矢量、模型等。常见的地形数据格式包括数字高程模型、等高线图等；影像一般为数字正射影像，按国家标准图幅分块存储；矢量数据包含点、线、面三种类型，其分类编码体系可参考国家的相关标准；模型数据一般用于描述建筑、桥梁、道路等特征地物。目前，模型采集手段发展迅速，激光扫描、倾斜摄影测量、卫星遥感等各种新兴技术层出不穷，模型数据也包含多种格式规范，如实景模型、点云模型等。地理空间数据空间参考采用 CGCS2000 国家大地坐标系，高程基准采用 1985 国家高程基准，时间系统采用公历纪元和北京时间。

数字孪生流域的地理空间数据包含 L1、L2、L3 三个级别，不同级别建设标准可依照《数字孪生流域数据底板地理空间数据规范》。

### 13.1.2　BIM 数据标准

严格按照地形地质、建筑物、机电金结、安全监测设施及工程现状进行建模，创建的 BIM 模型及模型属性、外部应用链接数据等模型信息应与竣工图纸一致，保证模型的真实还原。BIM 模型精细度要求根据《水利水电工程信息模型交付标准》相关要求，模型精细度分为四个等级，分别是 LOD1.0、LOD2.0、LOD3.0、LOD4.0。不同的精度对应不同的最小模型单元，具体模型精细度与最小模型单元对应关系如表 13-1要求。

表 13-1                             模型精细度基本等级划分

| 等级 | 最小模型单元 | 模型单元用途 |
|---|---|---|
| LOD1.0 模型精度 | 项目级模型单元 | 承载项目、子项目或局部工程信息 |
| LOD2.0 模型精度 | 功能级模型单元 | 承载完整功能的系统或空间信息 |
| LOD3.0 模型精度 | 构件级模型单元 | 承载单一的构件或配件信息 |
| LOD4.0 模型精度 | 零件级模型单元 | 承载从属于构件或配件组成零件或安装零件信息 |

结合《数字孪生水利工程建设技术导则（试行）》对模型精细度的相关要求，对于闸门、发电机、水轮机等关键机电设备，构建构件级模型单元（LOD3.0），其他建筑物、设备设施构建功能级模型单元（LOD2.0）。

模型需采取统一的命名与编码规范。模型命名根据《水利水电工程设计信息模型交付标准》要求。

BIM 模型的分类及编码应《水利水电工程信息模型分类和编码标准》（T/CWHIDA 0007—2020）的相关要求，按照统一的分类与编码体系构建工程 BIM 模型，保证创建的模型与分类编码的一致性。对于模型分类，采用面分法和线分法相结合的方式进行，面分法主要用于在某个维度将模型进行分类，线分法主要用于将面分法分成的分类按照线分法的基本规则进一步分类，从而达到多维度分类，适用实际工程项目的复杂性。模型编码按照全数字方式进行编码。编码由分类表代码和各层级代码组成。

## 13.1.3 水利基础数据标准

水利基础数据应获取各类水利对象的特征属性，主要包括流域、河流、湖泊等江河湖泊类对象，各类建（构）筑物、机电设备等水利工程类对象，水文监测站、工程安全监测点、水事影像监视点等监测站（点）类对象，工程运行管理机构、人员、资产等工程管理类对象。基础数据特征属性可参考《水利对象基础数据库表结构及标识符》（SL/T 809—2021），应对所有对象进行统一编码，并根据业务需要实时或定期更新。

水利对象基础信息需包含对象标识信息、主要特征信息以及时间戳，每类对象应有一张基础信息表，具体的水利对象划分及建库指引，可参考《实时雨水情数据库表结构与标识符标准》（SL 323—2011）、《水资源监控管理数据库表结构及标识符标准》（SL 380—2007）等相关标准。

### 13.1.4　数据共享服务标准

数据共享服务标准是用于数据和功能跨部门、跨项目共享与交换的协议与标准，包括数据共享服务规范和功能共享服务规范。

（1）数据共享服务规范

数字孪生水利工程中涉及地理空间数据、BIM 数据、视频监控数据、水利基础数据、水利工程业务数据等不同类型、不同行业数据，其共享服务规范包括：

1）地理空间数据共享服务规范

地理空间数据有非常成熟的共享服务规范，如 OGC 标准，定义了 WMS、WFS、WCS 等多种数据共享协议，并在行业内广泛使用；中国定义了《地理信息目录服务规范》（GB/Z 25598—2010）），提供了统一的接口和数据格式，不同数据提供者和使用者可方便地进行地理空间数据共享和集成应用。

2）BIM 数据共享服务规范

BIM 数据共享服务规范旨在确保 BIM 数据的互操作性、一致性和可持续性，促进不同参与方之间的 BIM 数据共享和集成应用。目前，比较常见的 BIM 规范有 IFC、BCF、OpenBIM 等。

3）视频监控数据共享服务规范

视频监控数据共享服务规范提供了统一的视频编码、传输和交换格式，使得不同平台和应用之间可以方便地进行视频内容的共享和集成应用。同时，这些规范也有助于提高视频数据的质量、一致性和可发现性，促进视频技术的发展和应用。目前，通用的视频编码规范有 H.264/H.265，中国定义了《安全防范视图计算联网系统信息传输、交换、控制技术要求》（GB/T 28181—2016）视频服务国标，并已广泛应用。

4）水利基础数据共享服务规范

水利基础数据属于行业数据，水利部出台了《水文资料整编规范》（SL/T 247—2020）、《水利水电工程水文计算规范》（SL/T 278—2020）、《水资源监测数据传输规约》（SL/T 427—2021）、《水利数据分类分级指南（试行）》等数据规范与协议。

5）水利工程业务数据共享服务规范

《水利工程建设与管理数据库表结构及标识符标准》（SL 700—2015），规定了水利工程建设与管理数据库表结构和标识符的编制规范，便于工程信息的管理和维护；

水利工程数据管理方面,各地方出台有相关的标准,如《浙江省水利工程数据管理办法(试行)》,主要是规定水利工程数据的管理要求,包括数据的采集、处理、存储、共享和应用等方面。

(2)功能共享服务规范

功能共享服务规范用于在功能共享领域中提供高质量、高效率、高可靠性的服务。功能共享服务规范包括以下几个方面:

1)功能共享服务架构

定义功能共享服务的总体架构,包括系统架构、技术架构、安全架构等。

2)功能共享服务接口

定义功能共享服务与其他系统之间的接口,包括数据格式、传输协议、认证授权等。

3)功能共享服务流程

定义功能共享服务的业务流程,包括服务申请、服务审核、服务开通、服务维护等。

4)功能共享服务质量

定义功能共享服务的质量标准,包括服务可用性、响应时间、数据完整性等。

5)功能共享服务安全

定义功能共享服务的安全措施,包括数据加密、访问控制、身份认证等。

6)功能共享服务管理

定义功能共享服务的管理流程,包括服务监控、故障处理、日志管理等。

功能共享服务规范是针对功能共享领域的通用标准,旨在提高功能共享服务的质量和效率,保证不同业务应用之间的互操作性和协同工作,降低数字孪生水利工程功能服务提供者和使用者的成本、风险。同时,可以降低功能共享服务的开发成本和维护成本,提高系统的复用性。功能共享服务规范基于功能接口标准,可以根据水利工程具体业务需求进行定制和扩展,以满足不同行业和领域的需求。

## 13.2 服务标准

在提高软件开发效率、推动软件成果复用、保障软件安全性等众多需求的推动下,软件向服务化方向发展成为软件技术发展的必然趋势,特别是云服务技术的成熟,数据即服务、平台即服务、软件即服务的理念逐渐普及。

为支持数字孪生流域应用的共建共享,保障系统安全、数据安全,须基于服务化的理念搭建技术体系,服务标准设计是其中的基础工作。服务标准涉及接口安全、接口规范、性能指标等多个方面。

## 13.2.1　接口安全

为了保证功能接口被正确访问,接收到的数据不会被篡改,以及防止信息泄露或被攻击造成损失,功能接口需遵循以下安全原则:

(1)身份验证

确保只有经过身份验证的用户才可以访问接口。常见的身份验证方式包括用户名密码、API 密钥、令牌等。

(2)授权与权限控制

确保用户只能访问其被授权的资源和功能。通过角色、权限等方式限制用户的访问权限,以防止未经授权的访问。

(3)输入验证与过滤

对接口接收到的输入数据进行验证和过滤,以防止恶意输入和注入攻击。包括对输入数据的长度、格式、合法性等进行检查。

(4)数据加密与传输安全

通过使用加密算法对敏感数据进行加密,确保数据在传输过程中不被窃取或篡改。常见的加密方式包括 HTTPS、SSL/TLS 等。

(5)错误处理与日志记录

对错误情况进行适当的处理和记录,以便及时发现和修复潜在的安全问题。

(6)防止跨站脚本攻击(XSS)

对输入的数据进行适当的编码和过滤,以防止恶意脚本的注入和执行。

(7)防止跨站请求伪造(CSRF)

通过使用随机生成的令牌或验证码等方式验证请求的合法性,以防止恶意网站利用用户的身份发送请求。

（8）安全更新与漏洞修复

及时更新和修补接口的安全漏洞，以防止黑客利用已知漏洞进行攻击。

（9）安全审计与监控

定期进行安全审计和监控，及时发现和应对潜在的安全威胁。

安全教育与培训：对开发人员和用户进行安全教育和培训，提高其安全意识和技能，以减少安全风险。

### 13.2.2　接口规范

接口规范包含资源规范和 URL 规范。

（1）接口资源规范

接口资源规范规定了功能接口数据的输入、输出格式，包括数据校验、接口返回的数据格式和数据编码等。数据资源载体应符合 JSON 格式，支持序列化与反序列化。在数据的传递过程中应进行数据校验，如客户端发送的数据不正确或不合理，服务器端经过校验后直接向客户端返回错误提示。

（2）接口 URL 规范

接口 URL 规范可以根据实际需求和项目约定而有所不同，应该简洁、清晰、易读，需遵循以下规范：

功能接口应采用 RESTful 架构风格，每个资源均对应至少一个 URL。

数据的基本操作，即 CRUD(create，read，update 和 delete，即数据的增删查改)操作，应分别对应 HTTP 方法。

使用清晰的命名：URL 应该使用有意义的名称来描述资源或操作，避免使用过于复杂或含糊不清的 URL。

使用小写字母：URL 应该使用小写字母，避免使用大写字母，提高可读性和一致性。

使用连字符或下划线：URL 中的单词可以使用连字符(-)或下划线(_)进行分隔，以提高可读性。

避免使用动词：URL 应该描述资源或操作，而不是动作，避免在 URL 中使用动词，而是使用名词或名词短语。

使用复数形式：如果资源是可数的，建议在 URL 中使用复数形式来表示资源的集合。例如，使用"/users"表示所有用户。

使用嵌套路径：对于具有层次结构的资源，可以使用嵌套路径来表示层次关系。例如，使用"/users/{userId}/posts"表示特定用户的所有帖子。

使用查询参数：对于需要传递参数的操作，可以使用查询参数来传递参数。例如，使用"/users? role＝admin"表示具有特定角色的用户。

避免使用敏感信息：避免在 URL 中包含敏感信息，如密码或令牌。敏感信息应该使用其他方式进行传输，如请求头或请求体。

版本控制：如果需要对接口进行版本控制，可以将版本号包含在 URL 中。显示不同版本接口，应遵循格式：https://api.example.com/v{n}/，其中，"v{n}"中 n 代表版本号，分为整型和浮点型。

保持一致性：在整个项目中保持 URL 的一致性，遵循相同的命名和结构约定，提高代码的可读性和维护性。

## 13.2.3　性能指标

功能接口的性能指标是衡量接口性能和效率的指标，需满足以下常见的功能接口性能指标要求。这些性能指标可以通过性能测试工具和监控系统进行测量和监控，以评估接口的性能和效率，并及时发现和解决潜在的性能问题。

（1）响应时间（Response Time）

响应时间指从发送请求到接收到完整响应的时间。较低的响应时间表示接口响应速度快，用户体验好。对于一般数据类接口要求在 3s 后返回数据，对于实时类数据接口要求在 2s 内返回数据。

（2）吞吐量（Throughput）

吞吐量指在一定时间内接口处理的请求量。较高的吞吐量表示接口具有较高的处理能力。具体的吞吐量要求可以根据预估的用户数量和访问模式来确定。

（3）并发用户数（Concurrent Users）

并发用户数指同时发送请求到接口的用户数量。较高的并发用户数表示接口能够同时处理多个请求。具体的并发用户数要求可以根据预估的用户数量和访问模式来确定。

（4）错误率（Error Rate）

错误率指接口返回错误响应的比例。较低的错误率表示接口的稳定性和可靠性较高。具体的错误率要求可以根据业务需求和用户体验要求来确定。

（5）可用性（Availability）

可用性指接口在一定时间内可用的比例。较高的可用性表示接口的稳定性和可靠性较高。可用性要求在99％以上。

（6）缓存命中率（Cache Hit Rate）

缓存命中率指从缓存中获取数据的比例。较高的缓存命中率表示接口能够有效利用缓存，减少对后端资源的依赖。具体的缓存命中率要求可以根据业务需求和缓存策略来确定。

（7）数据库响应时间（Database Response Time）

数据库响应时间指接口访问数据库的响应时间。较低的数据库响应时间表示接口对数据库的访问效率较高。具体的数据库响应时间要求可以根据数据库性能和索引优化等因素来确定。

（8）可扩展性（Scalability）

可扩展性指接口在增加负载时能否保持稳定的性能。较好的服务可扩展性表示接口能够适应不断增长的用户和请求量。具体的服务可扩展性要求可以根据预估的用户增长和负载模式来确定。

# 第 14 章　安全保障体系

网络安全等级保护 2.0 相关要求于 2019 年 5 月发布,于 2019 年 12 月 1 日开始实行。数字孪生流域系统依据《信息安全技术　网络安全等级保护基本要求》(GB/T 22239—2019)等标准规范,建设完善涵盖安全管理、安全技术、安全运营的安全保障体系,全面提升安全威胁防御、发现和处置能力,形成有效的安全防护能力、隐患发现能力和应急反应能力,为业务系统建立安全可靠的信息网络和运行环境。

## 14.1　网络安全防护等级

### 14.1.1　安全保护等级概述

按照《信息安全技术　网络安全等级保护定级指南》(GB/T 22240—2020),等级保护对象的定级要素包含受侵害的客体和对客体的侵害程度。

根据等级保护对象在国家安全、经济建设、社会生活中的重要程度,以及一旦遭到破坏、丧失功能或者数据被篡改、泄露、丢失、损毁后,对国家安全、社会秩序、公共利益及公民、法人和其他组织的合法权益的侵害程度等因素,等级保护对象的安全保护等级分为以下五级:

第一级,等级保护对象受到破坏后,会对相关公民、法人和其他组织的权益造成一般损害,但不危害国家安全、社会秩序和公共利益;

第二级,等级保护对象受到破坏后,会对相关公民、法人和其他组织的权益造成严重损害或特别严重损害,或者对社会秩序和公共利益造成危害,但不危害国家安全;

第三级,等级保护对象受到破坏后,会对社会秩序和公共利益造成严重危害,或者对国家安全造成危害;

第四级,等级保护对象受到破坏后,会对社会秩序和公共利益造成特别严重危害,或者对国家安全造成严重危害;

第五级,等级保护对象受到破坏后,会对国家安全造成特别严重危害。

定级要素与安全保护等级的关系见表 14-1。

表 14-1 定级要素与安全保护等级关系

| 受侵害的客体 | 对客体的侵害程度 | | |
|---|---|---|---|
| | 一般损害 | 严重损害 | 特别严重损害 |
| 公民、法人和其他组织的合法权益 | 第一级 | 第二级 | 第二级 |
| 社会秩序、公共利益 | 第二级 | 第三级 | 第四级 |
| 国家安全 | 第三级 | 第四级 | 第五级 |

定级对象的安全主要包含业务信息安全和系统服务安全,与之相关的受侵害客体和对客体的侵害程度可能不同,因此安全保护等级由业务信息安全和系统服务安全两方面确定。从业务信息安全角度反映的定级对象安全保护等级称为业务信息安全保护等级;从系统服务安全角度反映的定级对象安全保护等级称为系统服务安全保护等级。将业务信息安全保护等级和系统服务安全保护等级的较高者确定为定级对象的安全保护等级。

业务信息安全是指确保定级对象中信息的保密性、完整性和可用性等。根据业务信息安全被破坏时所侵害的客体以及对应客体的侵害程度,依据表 14-2 可得到业务信息安全保护等级。

表 14-2 业务信息安全保护等级矩阵

| 业务信息安全被破坏时所侵害的客体 | 对相应客体的侵害程度 | | |
|---|---|---|---|
| | 一般损害 | 严重损害 | 特别严重损害 |
| 公民、法人和其他组织的合法权益 | 第一级 | 第二级 | 第二级 |
| 社会秩序、公共利益 | 第二级 | 第三级 | 第四级 |
| 国家安全 | 第三级 | 第四级 | 第五级 |

系统服务安全是指确保定级对象可以及时、有效地提供服务,以完成预定的业务目标。根据系统服务安全被破坏时所侵害的客体以及对应客体的侵害程度,依据表 14-3 可得到系统服务安全保护等级。

表 14-3 系统服务安全保护等级矩阵

| 系统服务安全被破坏时所侵害的客体 | 对相应客体的侵害程度 | | |
|---|---|---|---|
| | 一般损害 | 严重损害 | 特别严重损害 |
| 公民、法人和其他组织的合法权益 | 第一级 | 第二级 | 第二级 |

续表

| 系统服务安全被破坏时所侵害的客体 | 对相应客体的侵害程度 | | |
| :---: | :---: | :---: | :---: |
| | 一般损害 | 严重损害 | 特别严重损害 |
| 社会秩序、公共利益 | 第二级 | 第三级 | 第四级 |
| 国家安全 | 第三级 | 第四级 | 第五级 |

## 14.1.2　安全等级预评估概述

为确定数字孪生流域系统涉及的网络安全保护等级,要梳理系统涉及的定级保护对象,尤其是从云计算平台系统、物联网、工业控制系统以及采用移动互联技术的系统、通信网络设施、数据资源等方面考虑。应着重从云计算平台系统、通信网络设施这两个方面定级对象入手,综合预评估确定整体的安全保护等级。

云计算平台系统、通信网络设施定级对象的安全主要包括业务信息安全和系统服务安全,与之相关的受侵害客体和对客体的侵害程度可能不同。安全保护对象的等级由业务信息安全和系统服务安全两个方面确定,通常取两者中等级较高者作为定级。最后,再由云计算平台系统、通信网络设施两者的安全保护定级结果,预评估确定系统整体的综合安全保护等级。

## 14.1.3　安全等级预评估及定级

(1)定级对象

数字孪生流域系统涉及的云计算平台信息系统、通信网络设施稍复杂,为体现重要部分重点保护、有效控制信息安全建设成本、优化信息安全资源配置的等级保护原则,拟将云计算平台信息系统、通信网络设施暂定为系统安全等级保护的重点对象。后期工程实施时可按实际情况进一步调整划分不同的安全保护定级对象。

(2)定级对象的安全保护等级

根据《信息安全技术　网络安全等级保护定级指南》(GB/T 22240—2020),数字孪生流域系统及配套通信网络设施,两者业务信息及系统服务受到破坏时所侵害的客体主要为"社会秩序、公众利益",而侵害程度主要为"一般损害"。因此,信息系统与配套通信网络设施的业务信息及系统服务安全保护等级均为二级,系统整体的综合安全保护等级为二级,系统安全等级保护方案按照二级进行总体设计。系统涉及的定级保护对象及整体的安全保护等级最终仍须由系统的网络运营者组织信息安全专家和业务专家对定级结果的合理性进行评审，同时出具专家评审意见。网络运营者并将定级结果报请水利行业主管（监管）部门核准并出具核准意见。最后须由网络运营者按照相关管理规定将定级结果提交公安机关进行备案审核。若审核不通过，则网络运营者需组织重新定级；若审核通过，则成功确定定级对象的最终安全保护等级。

## 14.2 安全体系

数字孪生流域安全体系建设包括网络安全、数据安全和应用安全三个方面的内容。主要开展以下几项工作：在现有安全设备的基础上，按照优化调整后的网络分区结构预计系统部署，提升关键信息基础设施安全防护能力；优化安全预警机制，扩大安全威胁预警感知和防御范围，形成局部应用全覆盖的网络安全应急响应能力，为安全威胁闭环处理、安全事件协同响应提供有效支撑；结合数据资源，提升安全分析能力，对系统运行环境进行合规性检查，减少安全死角，避免非法控制、数据泄露等安全隐患，满足国家法律法规的有关要求。

网络安全建设应根据《信息安全技术　网络安全等级保护基本要求》（GB/T 22239—2019）、《信息安全技术　网络安全等级保护定级指南》（GB/T 22240—2020）、《水利网络安全保护技术规范》（SL/T 803—2020）等标准规范，确定系统安全保护等级，构建完善的网络安全组织管理体系、安全技术体系、安全运营体系和监督检查体系，全面保障数字孪生流域建设网络安全。

### 14.2.1 网络安全与防护

网络是数据传输和通信的基础，需要确保网络的安全性。网络安全与防护涉及网络的拓扑结构设计、网络设备的安全配置、网络流量的监控和分析等。

数字孪生流域的通信网络安全设计，参考等级保护二级对安全通信网络的要求，根据各业务需求和服务对象、重要性和所涉及信息的重要程度等因素，划分不同的子网或网段，并按照方便管理和控制的原则为各子网、网段分配地址段，实现对单位信息系统的安全域划分。数字孪生流域系统除利用现有相关安全通信网络资源外，需要进行网络架构和通信传输两个方面的安全设计。

（1）网络架构

依据项目系统业务需求，系统将划分为互联边界域、核心交换域、安全管理域、业务服务域、终端接入域,为各个区域分配独立的 IP 地址;通过配置访问控制策略对区域进行逻辑隔离,控制不同区域之间访问数据。

(2)通信传输

为保障数字孪生流域系统远程通信传输的安全,通过防火墙系统的 VPN 模块,采用 SSL VPN 技术保证重要、敏感信息在网络传输过程中的完整性和保密性。对于外部第三方运维人员需要通过互联网接入开展运维工作的需求,对其访问进行通信隧道加密,保障数据传输的完整性和保密性。

## 14.2.2　数据共享及保护机制

数据共享管理是指开展数据共享和交换,实现数据内外部价值的一系列活动。数据共享是组织内部因履行职责、开展相关业务需要使用内部数据的行为。其主要目的是打破组织内部壁垒,消除数据孤岛,提高运营效率。数据的安全共享是在数据共享的基础上增加了安全要求,主要是针对固有网络框架下数据所呈现出的各类属性进行采集、存储、处理等相关联的操作,保证数据在整个过程中不会产生数据泄露与丢失的风险。

早期通常以文档的形式共享数据,缺乏保护数据安全的机制,文档的来回发送非常耗时,共享效率低下。目前,基于云服务技术和分布式技术的数据共享开始成为主流。基于云服务技术的数据共享主要指通过云中心来辅助物联网设备进行数据共享。

数字孪生流域建设过程中涉及大量的数据收集、存储、传输和处理工作。因此数据安全是一个重要的安全问题,包括数据的加密和解密、访问控制和权限管理、数据备份和恢复等。

(1)数据完整性

通过使用商用的经过广泛验证的关系数据库管理软件来保障数据的完整性。数据完整性指数据的精确性和可靠性,是防止数据库中存在不符合语义规定的数据和防止因错误信息的输入、输出造成无效操作或错误信息。数据完整性分为实体完整性、域完整性、参照完整性、用户自定义完整性四类。数据库采用多种方法来保证数据完整性,包括外键、约束、规则和触发器,针对不同的具体情况用不同的方法进行相互交叉使用。

(2)数据保密性

对访问数据库的用户和访问过程有能力实施全方位的监控,建立完善的分级授权访问体系。受不同数据保密等级、服务范围的限制,不允许所有的用户都能够遍历数据库中的全部数据项,因此在具体的数据库设计中要对各个数据项和每条记录都要有访问等级的明确标志。当用户试图使用未经过授权或不符合权利资格的资源时,系统将拒绝执行,并对非法检索查询的入侵者自动跟踪审计。

(3)数据备份

数据备份可以抵抗不可控制因素引起的数据丢失,通过异步及同步两种方式确保本地数据中心与远程备份数据中心的统一。当需要进行远程复制备份时,本地数据中心将业务转移到远程复制备份系统中,结合本地高性能可用系统分类与诊断远程故障,适时接管远程备份数据。

(4)数据库恢复

服务器发生故障时会影响到数据库的正常运行,造成数据的破坏和丢失。数据库恢复是指通过技术手段,将保存在数据库中丢失的电子数据进行抢救和恢复的技术。数据库可能因为硬件或软件(或两者同时)发生故障,不同的故障情况需要不同的恢复操作。必须根据不同的故障情况决定采取的数据库恢复方式,通常采用三种方法进行恢复,即应急恢复、版本恢复和前滚恢复。

## 14.2.3　数字应用安全策略

数字孪生流域涉及业务应用较多,需建立各应用的安全体系。包括应用的访问控制和权限管理、应用的漏洞扫描和修复、应用的安全审计和监控、身份鉴别、访问控制、安全审计、通信完整性、通信保密性、抗抵赖、软件容错和资源控制等。

系统采用基于角色的访问控制模型(Role-based Access Model,RBAC Model)。作为系统的访问权限控制机制,RBAC 模型的基本思想是将权限分配给一定的角色,而不是用户。用户通过扮演不同的角色来获得角色所拥有的权限。RBAC 有效地克服了传统存取访问控制中存在的不足,可以减少授权的复杂性,降低管理开销,不易出错,非常适合作为大型系统中的安全访问控制机制。

应用系统同时还应具备用户认证功能,通过统一的身份认证系统,防止入侵者越过应用系统的控制直接访问数据。

(1)密码管理

系统密码管理需严格遵循相关国家标准和行业标准,使用国家密码管理主管部门认证核准的密码技术和产品,口令加密存储与传送,并具备一定的长度与复杂度。

（2）日志管理

系统对重要的操作行为进行日志记录,以监测系统的运行。日志管理可归纳为以下多个方面:记录和跟踪各种系统状态的变化,如提供对系统故意入侵行为的记录和对系统安全功能违反的记录;实现对各种安全事故的定位,如监控和捕捉各种安全事件,记录发生时间、发生地点和事件类型;保存、维护和管理日志。按照日志产生的系统可分为系统日志和审核业务日志。

日志包括会话事件和运行事件。会话事件包括成功的注册、不成功注册尝试,注册的日期、时刻、地点,口令更改,以及当其口令达到其寿命终点时的用户标识的锁定;运行事件包括有效注册后用户的活动,处理的业务,被访问的文件,被执行的程序,对用户账号所做的变更等;该日志信息应加密存储,仅有管理人员可进行查询与管理。

（3）数据加密

可适当对机密的数据字段在数据存储、读取时进行加密或解密操作。

（4）身份验证

对登录的用户进行身份识别和鉴别,身份标识具有唯一性,鉴别信息具有复杂度要求并定期更换。对登录失败进行处理,限制非法登录次数,超时自动退出等。

## 14.3　保障体系

数字孪生流域安全体系建设包括安全管理要求和安全运营环境两个方面的内容。

### 14.3.1　安全管理要求

建立网络安全和信息化工作组织领导机构,明确各级部门的网络安全与信息化承担单位及其责任。采用"各负其责、集成整合、共建共享"的原则,建立信息化事前有计划、事中抓落实、事后做检查的工作机制。统筹安排网络安全与信息化项目,加强项目立项的论证、审核,避免重复建设。健全业务网络安全管理工作机制,落实网络安全责任制。压实网络安全工作主体责任,将网络安全工作纳入考核评价和监督问责机制。研究制定行业网络安全等级保护定级指导意见,建立健全网络安全事件应急工作机制,提升应对网络安全事件能力。落实网络安全等级保护制度,开展网络定级备案、等级测评、安全建设整改和自查等工作。加强关键信息基础设施和重要数据的安全保护,落实保护责任和防护措施。加强网络安全监测预警,提高安全态势感知能力。开展网络安全应急演练和隐患整改,提升应对网络安全事件的能力。推进国产软硬件产品的应用,推进软件正版化工作。

使用以下网络安全措施落实网络安全管理责任:

(1)等保测评

开展系统定级备案工作,系统初步确定为二级等保,每年开展测评工作。

(2)安全防护

在互联网、政务外网和业务内网分别安装防护监测安全产品,发挥防病毒入侵、防DDOS、防非法外联、定时查杀病毒木马等作用,及时修复漏洞、处理安全事件,并通过堡垒机、云盾等技术保障服务器安全,关闭远程维护等不必要的端口,防范黑客通过互联网渗透政务外网和业务内网。

(3)安全巡检

加强网络安全巡检,包括每日定时巡检和特殊情况巡检,配备一定数量的系统管理员、审计管理员和安全管理员,对数据库、中间件应用软件、系统性能、系统运行情况、安全产品运行情况等进行安全巡检,确保系统和数据安全。定期开展针对终端的弱口令检查、病毒查杀、漏洞修补、操作行为管理和安全审计等工作。

(4)日志留存

按照公共数据安全审计的要求,做好主机系统、数据库、网络设备、安全设备、应用系统的日志备份工作,关键业务状态变化、不动产单元状态变化、登记结果变化等核心业务办理日志要求永久保存。

(5)安全审计

建立网络安全审计和日志安全审计制度,进行运维审计、数据库审计、日志审计、应用审计、流量审计等。

(6)数据管理

建立数据更正流程制度,禁止数据库直连,专人专岗通过系统维护数据,防止数据泄露和篡改;建立台账管理敏感数据的接收、使用、分发。

(7)数据备份

做好系统和数据库的离线备份和多存储介质备份工作,加强备份数据的安全管理,并通过恢复预案进行数据恢复演练,保证建成的灾备系统和数据达到建设目的。

（8）数据加密

对权利人名称及证件号码等个人敏感数据项进行加密传输、加密存储、去标识化处理,保护个人敏感信息,业务办理时对于加密后的敏感信息只能精确查询,禁止模糊查询。避免网络系统后台管理页面和信息暴露在互联网。

（9）账号管理

做好不同岗位、角色人员的安全背景审查,细化账号权限,落实保密责任。密码的设置要符合强密码规范和密码复杂性要求,并定期修改密码。

（10）密码测评

按照《中华人民共和国密码法》要求,对网络和系统密码应用的合规性、正确性和有效性进行评估。

## 14.3.2 安全运营环境

数字孪生流域物理安全是指硬件设备和数据中心等需要进行物理安全保护。包括设备的防盗、防火和防水措施,数据中心的门禁和监控等。

（1）机房和办公场地选择

机房和办公场地应选择在具有防震、防风和防雨等能力的建筑内。

（2）物理访问控制

机房出入口应安排专人值守,控制、鉴别和记录进入的人员;需进入机房的来访人员应经过申请和审批流程,并限制和监控其活动范围。

（3）防盗窃和防破坏

应将主要设备放置在机房内;应将设备或主要部件进行固定,并设置明显的不易除去的标记;应将通信线缆铺设在隐蔽处,可铺设在地下或管道中;应对介质分类标识,存储在介质库或档案室中;主机房应安装必要的防盗报警设施。

（4）防雷击

机房建筑应设置避雷装置;机房应设置交流电源地线。

（5）防火

机房应设置灭火设备和火灾自动报警系统。

（6）防水和防潮

水管安装,不得穿过机房屋顶和活动地板下方;应采取措施防止雨水通过机房窗户、屋顶和墙壁渗透;应采取措施防止机房内水蒸气结露和地下积水的转移与渗透。

（7）防静电

关键设备应采用必要的接地防静电措施。

（8）温、湿度控制机房

应设置温、湿度自动调节设施,使机房温、湿度的变化在设备运行所允许的范围之内。

（9）电力供应

应在机房供电线路上配置稳压器和过电压防护设备;应提供短期的备用电力供应,至少满足关键设备在断电情况下的正常运行要求。

（10）电磁防护

电源线和通信线缆应隔离铺设,避免互相干扰。

# 第 6 篇

## 业务·应用

提高流域管理效率与业务决策的科学性,是数字孪生流域建设的核心目标。数字孪生流域建设过程中,需牢牢遵循"需求牵引、应用至上、数字赋能、提升能力"的原则,紧密围绕业务需求开展应用建设,利用流域各业务数字化、网络化、智能化能力建设,驱动流域管理的数智化转型。

由于流域业务涉及的区域广、部门多、流程复杂,其与数字孪生技术的融合具备相当的挑战性。水利部将水利业务划分为"2+N"体系,其中流域防洪减灾、水资源调配与管理是"2"大关键、共性业务,其他"N"项业务,如农村水利水电、水行政执法、河湖管理、水利监督、水文监测、水利工程建设、水利工程运行管理、流域行政管理、水公共服务等,根据各流域自身特点,各有不同。本篇作者将围绕流域典型业务需求,结合前述的技术体系,与读者一起探讨数字孪生应用建设方案。

# 第 15 章 流域防洪

## 15.1 流域防洪全景图

流域防洪"四预"全景图是基于现代信息技术、数字技术和大数据分析等手段,对流域内的水文、气象、地形地貌、社会经济等多源数据进行综合集成和深度挖掘,构建一个具有时空精度高、预测预报精准、决策支持灵活等特征的防洪"四预"业务平台,实现防洪"四预"的全链条、全周期、全过程管理,有效提升流域防洪决策水平、风险防控能力和工程管理水平。具体而言,流域防洪"四预"全景图的内涵包括以下几个方面:

(1)数据集成与共享

利用多源数据融合技术,集成气象、水文、地形地貌、社会经济等各方面的数据,形成多维度的数据仓库,实现数据的共享与应用。

(2)精细化洪水预报

通过高精度数值模型等技术手段,对流域内的降雨、蒸发、入渗、产流、汇流等过程进行精细化模拟和预报,实现洪水预报的精准化、精细化、可视化。

(3)洪水预警与应急

根据洪水预报结果和实时监测数据,结合历史洪灾数据等信息,对可能出现的洪水进行预警和风险评估,提出应对措施和应急预案,提高应急反应的速度和准确性。

(4)水库群联合调度

通过数字化技术实现流域内水库群的联合调度,优化水库调度方案,提高水资源利用效率,减少防洪压力,降低洪涝灾害风险。

(5)辅助决策支持

利用数字孪生技术,构建流域数字孪生平台,实现流域内河段洪水模拟与预演,预测未来可能出现的洪水情况,并通过对流域内社会经济数据的收集和分析,对不同防洪措施可能产生的经济影响和社会影响进行评估,为防洪决策提供科学依据。

## 15.2　流域防洪"四预"

流域防洪"四预"是指利用现代科技手段,通过预测、预警、预演和预案决策等方式,对流域内的洪水进行科学防控和应对。下面是每项内容的拓展:

（1）防洪预报

防洪预报指利用气象、水文等模型和算法,对流域内的降雨、水位、流量等数据进行预测和分析,为后续的防洪工作提供科学依据。防洪预报需要充分整合历史和实时数据,利用先进的数值模拟方法,对未来的洪水情况进行精准预测。同时,防洪预报还需要对气象、水文等要素的变化进行跟踪和预测,及时更新预测结果,为决策者提供最新、最准确的信息。

（2）防洪预警

防洪预警指根据防洪预报的结果和其他相关信息,对洪水可能发生的地区、时间、危害程度等进行预警和提前防范。防洪预警需要建立完善的预警机制和发布平台,及时将预警信息传递给相关地区和人员,并采取相应的防御措施。例如,在易受洪水影响的地区加强巡查和监控,组织群众转移和安置,提前开启水利工程等,以减轻洪水的危害。

（3）方案预演

方案预演指在计算机或实境中对各种防洪方案进行模拟和演示,以评估方案的可行性和效果。方案预演需要依据流域的实际情况和洪水特征,设计出科学、有效的防洪方案。同时,利用数值模拟软件对方案进行模拟和演示,可以发现方案中存在的问题和不足,及时进行调整和优化,提高方案的可行性和效果。

（4）预案决策

预案决策指根据预报、预警、预演等结果和其他相关信息,制定相应的防洪预案并进行决策。预案决策需要综合考虑各种因素和利弊得失,制定出科学、合理、可行的防洪预案。同时,预案决策还需要明确相关人员的职责和任务,确保预案的顺利实施和有效执行。此外,预案决策还需要建立完善的应急机制,对可能出现的突发情况和异常情况进行及时应对。

## 15.3 流域防洪"四预"决策支持

（1）辅助管理

流域防洪辅助决策支持系统在辅助管理方面具有多种功能。首先，系统可以提供流域水资源分布历史数据和调度方案数据的查询、管理功能。通过系统的数据库管理功能，可以对历史水文数据、水库调度方案、堤防加固方案等进行存储、查询和管理。决策者可以通过系统的查询功能，快速获取历史数据和调度方案，为防洪决策提供参考依据。其次，系统还可以提供数据分析和统计功能，对历史数据进行分析和挖掘，发现潜在的规律和趋势。决策者可以通过系统的数据分析功能，深入了解流域的水文特征和防洪需求，为制定合理的调度方案提供支持。

（2）实时态势展示

流域防洪辅助决策支持系统可以实时展示流域内的洪水态势。通过接入流域内的实时监测数据和预报数据，系统可以实时计算和展示洪水的发展趋势和影响范围。决策者可以通过系统的实时态势展示功能，了解当前的洪水情况，及时采取相应的防洪措施。系统可以将实时的洪水水位、流量、降雨等数据以地图、曲线图等形式展示，直观地反映洪水的演变过程和趋势。此外，系统还可以提供多种预警方式，如短信、邮件、声音等，及时通知决策者和相关人员。

（3）预报调度综合展示

流域防洪辅助决策支持系统可以综合展示防洪预报和调度方案的结果。通过接入流域内的防洪预报数据和调度方案数据，系统可以进行预报调度的模拟和评估，预测不同方案下的洪水情况和防洪效果。决策者可以通过系统的综合展示功能，比较不同方案的优劣，选择最优的防洪方案。系统可以将不同方案的洪水水位、流量、影响范围等数据进行综合分析和展示，帮助决策者全面了解不同方案的优点和局限性，为决策提供科学依据。

（4）调度方案智能化分析

流域防洪辅助决策支持系统可以进行调度方案的智能化分析。通过系统内置的算法和模型，对不同调度方案的效果和可行性进行评估和比较。系统可以基于历史数据和实时数据，提取经验规律和优化策略，为决策者提供决策支持。系统可以根据不同的目标和约束条件，自动优化调度方案，寻找最优解。决策者可以通过系统的智能化分析功能，快速获取调度方案的评估结果，优化防洪决策。系统可以提供多种评估指标,如洪水峰值削减率、淹没范围减少率等,帮助决策者全面评估不同方案的效果。

(5)调度成果可视化展示

流域防洪辅助决策支持系统可以将调度成果进行可视化展示。通过地图、曲线图、柱状图等方式,系统可以直观地展示不同调度方案的效果和可行性。决策者可以通过系统的可视化展示功能,直观地了解不同方案的优劣,为防洪决策提供参考依据。系统可以将不同方案的洪水水位、流量、影响范围等数据以图形化的方式展示,方便决策者进行对比和分析。同时,系统还可以将调度成果以报告的形式输出,包括文字描述、表格、图表等,方便决策者进行进一步的分析和决策。

## 15.4　防洪兴利应用案例

依托数字孪生应用服务平台,搭建了长江水工程联合调度辅助决策系统、长江中下游行蓄洪空间、北江流域防洪联合调度平台等众多防洪兴利应用系统。下面以北江流域防洪联合调度平台为例,简述业务场景搭建流程。

(1)业务背景

北江流域位于中国广东省,是珠江流域的一部分。北江流域的主要河流是北江,北江发源于广东省韶关市乳源瑶族自治县,流经韶关市、清远市、佛山市,最终注入珠江。北江流域总面积约 2.5 万 $km^2$,属于亚热带季风气候,年均降水量在 1500～2000mm,主要集中在夏季和秋季。受地势起伏和降水分布的影响,北江流域易发生洪涝灾害。

北江流域防洪联合调度平台聚焦防洪联合优化调度,通过水库、蓄滞洪区、水闸、分洪河道、堤防等组成的"蓄、行、滞、分"较为完善的防洪工程体系与数字孪生技术的深度耦合,协同优化多工程群组"上调、中控、下分"联动,搭建"预报预警—工程调度—河道演进—精细模拟—风险研判—预案执行"全链条"四预"框架。

(2)数据集成

北江流域防洪联合调度平台的搭建需建立防洪调度业务相关的数据资源池,充分整合与集成实时雨水情数据库、水文信息数据库、防汛抗旱专用数据库、水利工程数据库、实时工情数据库等相关数据,实现基础信息、监测信息、成果信息、地理空间信息、多媒体信息的构建、整合、集成和管理。数据资源池包括基础数据、监测数据、业务管理数据、跨行业共享数据、地理空间数据。

在数据资源管理中，添加了北江流域防洪联合调度平台搭建所需的 UI 界面切图资源（图 15-1），底图搭建基础地形影像、业务矢量和场景三维模型等数据。

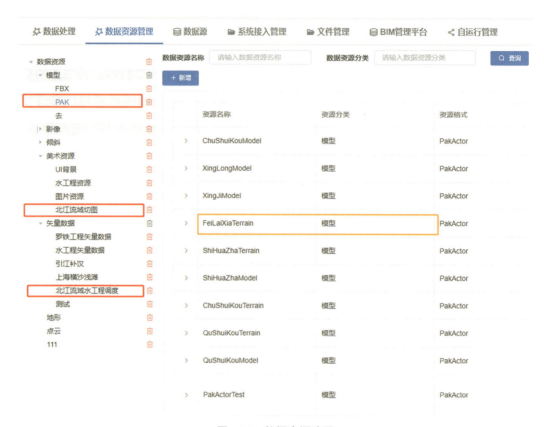

图 15-1　数据资源注册

（2）服务集成

根据《水利部数字孪生流程建设技术导则》要求，北江流域防洪联合调度平台基于水循环自然规律、水量平衡原理等机理规律，构建不同尺度来水预报、水库蓄水淹没分析、库区及影响区洪水演进分析、工程综合调度等水利专业机理分析模型。各水利专业模型需可部署至水利部本级，以及北江流域上级管理机构，并实现跨部门的共享调用。

为保障上述模型的普适性和通用性，应用开发平台建立了一套标准的模型封装规范（图 15-2），约定模型的接口标准、数据标准，不同技术路线开发的模型必须严格遵循相关封装规范，从而实现模型的跨部门统一调用。

图 15-2　要素资源自动注册到平台

（3）功能界面搭建

北江流域防洪联合平台功能界面,利用数字孪生应用服务平台提供的低代码引擎搭建。低代码引擎是以可视化编程方式,为用户提供灵活快速的业务原型搭建的软件工具,用户可根据项目不同阶段、不同专业方向的需求,通过对业务组件执行拖、拉、拽等简单操作,快速搭建原型框架,编排业务流程。不同的子组件可成组形成一个具有业务功能的子模块,方便后续收藏更新迭代。相比于传统的应用软件开发流程,低代码引擎激活、赋能业务运营人员的业务编排能力,快速将专业需求转换成标准的数字化业务流程,提高了系统综合展示的灵活性,保留了展示内容的可拓展性,降低了数字化业务搭建门槛。此外,低代码引擎的另一大优势在于解耦:通过低代码引擎发布提供支持各个专业领域的标准业务组件,组合编排业务逻辑,同步实现与场景渲染引擎端的交互联动,实现业务计算、服务管理、场景渲染多端联动的低耦合与强交互。搭建效果见图 15-3。

北江流域"预报"模块中主要涉及降雨统计、重要站点水情统计、工情统计和库区综合管理等多个业务板块,涉及内容广泛,流程多样。在传统业务开发模式下,一般采用瀑布式开发流程,实现对综合展示中的所有专题需求逐一设计与开发。该模式交付目标清晰、应用体系成熟,但功能设计沟通耗时长,后期修改不灵活,升级难度大,对系统的持续迭代更新需求而言,存在较大缺陷:流域"四预"模块涉及了大量专业型业务的数字化与智能化的转换,业务产品的一体化展示比较复杂,交付成果与预期的一致性难以保证,存在一定的应用交付风险。因此本研究引入低代码引擎为综合展示模块的主要技术方案。

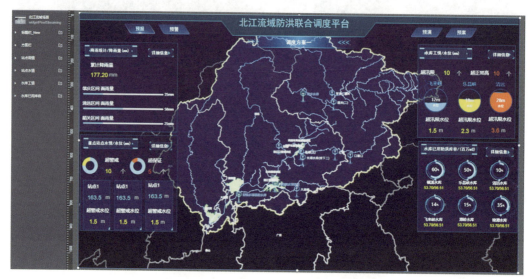

图 15-3  北江流域防洪联合调度平台功能界面搭建案例

基于低代码引擎,用户可根据业务需求,便捷地修改组件外观样式、显示风格,为组件添加数据绑定,数据绑定同时支持静态数据绑定、动态服务接口绑定两种形式,可自定义组件事件,实现组件之间的通信与交互逻辑。低代码引擎支持流域"四预"业务模板的搭建,利用统计图表、指标看板、业务表单等多种形式提供实现基础。此外,基于低代码引擎的多源数据切换、场景交互推演、系统快照分享等机制,实现了综合展示模块的专题切换模板、数据驱动场景和模板共建分享等高级功能,丰富了综合展示的维度,优化了用户感知信息的体验。应用服务平台支持多人协同开发,支持中间过程快照管理与成果一键式发布。

(4)场景搭建

北江全要素数字化场景建设主要包含:流域要素、工程要素、其他相关要素的数字化建模,以及数字化模型与物理模型之间的关系映射。数字化场景建模,首先是确定场景要素的细分尺度,然后根据细分要素,构建要素数字化模型。细分尺度依照流域和工程数字孪生功能建设需求,以满足防洪调度功能为核心,将河段、水面、岸线、监测站点、库区、坝区、设备、人员等物理要素按具体业务应用、管理、可视化等需求数字化,数字化模型除要素属性及几何形状信息外,还必须包含业务关系信息、几何拓扑信息、可视化仿真信息。

基于搭建好的全要素可视化场景,可叠加展示流域内水文、气象、水环境、水土、水工程等要素的实时监测数据、历史变化趋势、模型分析结果等信息,实现实时数据及时呈现,多维数据一图总览,复杂信息分层展示,历史数据复现追溯,从而帮助决策者和研究人员更好地理解和分析流域的业务全貌及趋势变化,为流域管理和决策提供科学依据。基于数字场景编辑器,完成北江流域三维数字虚拟场景的创建、图层配置、属性编辑、渲染优化等工作。

1)矢量数据优化配置

基于场景要素注册管理机制,规范化处理矢量要素,注册到场景要素资源库统一管理,在场景编辑器中,获取要素资源库中的数据要素清单,选择工程所需的矢量要素,并通过场景编辑器提供的属性、样式、几何编辑等功能,对不同类型的矢量数据进行优化配置,最后实现快速构建宏观场景下 GIS 专题底图的制作(图 15-4)。

**图 15-4　可视化场景编辑**

2)数字模型融合

在场景编辑器的图层资源目录中,选择非矢量类型的数据服务,依次加入场景,并根据模型参数对位置和方向进行调整(图 15-5),使之契合场景空间位置和姿态。

3)制作场景动画

通过使用场景编辑器提供的动画、特效等三维仿真模型库,在场景中添加自定义漫游线路和仿真动画效果,为系统提供丰富的自定义动效。

图 15-5　倾斜数据融合

（5）集成部署

1）集成模式

数字孪生系统可以简单地划分为功能界面端、后台服务端及可视化场景三个部分。针对功能界面端与可视化渲染场景的集成，应用服务平台提供了三种模式：界面端＋本地引擎渲染场景、界面端＋云渲染场景、界面端＋Web3D渲染场景。用户可根据实际应用需求，灵活选用不同的集成模式。

模式一：界面端＋本地引擎渲染场景。用户下载安装引擎，动态配置相关系统参数，构建客户端应用到后台服务的关联，完成本地化部署。然后以本地软件形式运行系统，即可开始业务操作（图15-6）。

模式二：界面端＋云渲染场景。应用服务平台提供了基于云渲染技术实现的可视化渲染场景组件，用户只需要将组件拖拽到编辑区，在配置项中选择需要加载的项目场景，即可通过云渲染的形式部署可视化渲染场景，并实现与界面组件的功能交互（图15-7）。

**图 15-6　本地部署模式下场景绑定**

**图 15-7　云渲染模式下场景绑定**

模式三：界面端＋Web3D 渲染场景。应用服务平台提供了基于 Web3D 技术实现的可视化渲染场景组件。该组件提供了地形影像、矢量点线面、倾斜模型、BIM 模型、简单动效等加载与三维渲染功能，客户端服务端无额外的安装需求，对客户端性能要求较低，但数据加载效率和三维渲染效果相对较差。基于 Web3D 的集成开发效果如下（图 15-8）。

图 15-8　Web3D 场景绑定方式

2)产品成果独立部署

应用服务平台提供一键导出成果部署包功能(图 15-9)。该功能能够快速提取当前项目的所有编辑成果,并导出与应用服务平台完全剥离的工程部署包,方便编辑成果的快速独立部署(图 15-10)。

图 15-9　项目成果一键导出部署

图 15-10　部署发布图

（6）应用成效

以北江 2024 年第 2 号洪水作为典型应用场景，运用北江流域防洪联合调度平台，对洪水演进、防洪形势、调度方案进行预报（图 15-11）、预演（图 15-12），确定防洪预案。洪水起涨前，通过模型推演，抢先调节库容，保证水库控制在汛限水位以下运行，预泄腾库 3.3 亿 m³，给未来洪水腾出更多空间。洪水起涨过程中，上游乐昌峡、锦江水库等实施拦洪削峰调度，累计拦洪 2.16 亿 m³，实现韶关、乐昌市区不上水，削减干流乌石、英德洪峰，尽可能降低中下游防洪压力；中下游，以飞来峡水利枢纽调蓄为重点，提出中下游骨干水库拦洪削峰调度、芦苞水闸和西南水闸分洪，以及英德市波罗坑蓄滞洪区启用的建议，累计拦洪 5.47 亿 m³，"两涌"分洪 2.92 亿 m³，北江石角站洪峰流量降至 18100m³/s 的目标，英德市洪水位降低至 33.88m，"两涌"分洪无人员转移。通过精细调度飞来峡、乐昌峡等 16 项骨干水利工程，累计预泄、拦蓄洪水共 10.93 亿 m³，成功将北江石角站洪峰流量降至安全泄量以下，保障北江大堤万无一失，实现珠江三角洲不受影响、干流沿线县级以上城市安全，潖江蓄滞洪区不启用、波罗坑蓄滞洪区最低损失的调度目标，最大限度地降低了洪涝灾害影响。

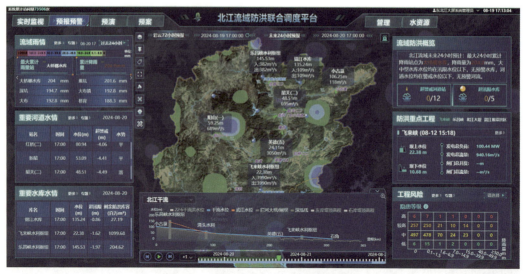

图 15-11　北江 2024 年 2 号洪水防洪预报

图 15-12　北江 2024 年 2 号洪水防洪预演

# 第 16 章　流域水资源调配

## 16.1　水资源调配全景图

水资源调配全景图是指基于 GIS、水文模型、数值模拟等技术手段,对一定区域内水资源分布、水文特征、水资源利用情况、水工程设施等进行数字化、网络化、可视化的综合管理平台。它可以帮助决策者和管理者全面了解和掌握区域内的水资源调配状况、供需平衡情况、水工程运行状态等,提高水资源管理和调配的效率、精度。水资源调配全景图的内涵包括以下几个方面:

(1)水资源分布与水文特征

利用 GIS 技术对区域内的河流水系、水库、湖泊、地下水等水资源分布情况进行数字化,建立水资源分布数据库。同时,结合水文模型和数值模拟等技术手段,对区域内的降雨、蒸发、径流等水文特征进行模拟和预测,为水资源调配提供科学依据。

(2)水资源供需平衡

通过数值模拟等技术手段,对一定区域内的水资源供需平衡进行分析和预测。具体包括:区域内的水资源总量、可利用量、需水量、可供水量等指标的计算和分析,为决策者和管理者提供决策支持。

(3)水工程运行状态监控

利用 GIS 技术对区域内的水库、湖泊、河流等水工程设施进行实时监控和运行管理。通过对实时数据的采集和传输,实现对水工程设施的运行状态、水位、流量等指标的实时监测和预警,保障水工程设施的安全和稳定运行。

(4)水资源调配模拟与预测

利用水文模型和数值模拟等技术手段,对区域内的水资源调配进行模拟和预测。具体包括:洪水预报、需水预测、水资源配置等,为决策者和管理者提供科学依据和最优方案。

（5）决策支持与协同管理

通过水资源调配全景图，决策者和管理者可以全面了解和掌握区域内的水资源调配状况、供需平衡情况、水工程运行状态等，为决策提供科学依据和支持。同时，可以实现不同部门和地区之间的协同管理，提高水资源管理和调配的效率、精度。

## 16.2　水资源调配"四预"

水资源"四预"体系技术路线为评价预报→预警→预演→预案产品服务集成共享。功能板块包括水资源"四预"和"四预"衍生产品等。模型方面包括水资源实时分析评价模型、来水预测模型、需水预测模型、水质水量联合调度及优化调配模型、水资源预警模型等，通过水资源的"四预"，最终实现水资源的智能优化调配与管理。水资源"四预"体系以水资源评价为前提，通过水资源动态评价模型实现多时间尺度（年、月、日）、多空间尺度（地市、县级、水系单元）、多评价对象（分区、重点断面、入库）的断面流量、水资源总量、水库入库量等的模拟计算。

（1）以预报为基础

基于水资源动态评价模型和气象预报成果，可以更准确地预测未来蓄水工程，入湖、入海、跨境、重要节点的径流量，有助于科学规划水资源开发和利用，合理调配水资源，避免供需矛盾和水资源短缺的问题。水资源预报以水资源动态评价工具作为核心引擎，包含降水预报、外调水预报、蓄水预报、来水预报（工程节点、入境、入海、分区等不同尺度），以及经济社会趋势分析、水质预报等功能。基于该模型实现水资源分析评价的实时化、可视化，全链条感知水循环过程，动态评价流域、区域的出入水量等，以全面剖析区域水量平衡状态，满足水资源考核评价需求。

（2）以预警为前哨

建立水资源预警系统，可以提前发现水资源问题及发展趋势，如通过监测关键河湖断面实时径流量，结合生态流量目标进行预警。及时的预警信息使决策者能够采取相应的措施，如实施应急供水、开展水资源调度等，有助于减轻灾害影响和降低损失。水资源预警以水资源动态评价模型和动态调配模型联合应用为主，包含旱情预警（气象干旱、农业干旱）、取用水量预警（超计划、超许可、超红线、超定额等）、公共供水管网预警（压力管理、爆管预警等）、河湖生态流量预警（控制水位、控制流量）和水质预警（水源地、公共供水、污水处理厂）等功能。其中，水资源动态评价模型可实现土壤含水量和关键断面水文或流量过程的动态分析，支撑农业干旱与生态流量管理，

并为水资源动态调配模型提供边界条件,辅助取用水量预警。

（3）以预演为关键

对不同供需情景进行仿真推演,实时掌握水资源供需态势。分区分工程供水预测,分区分行业需水预测,供需平衡方案推演。水资源预演以水资源动态调配模型为核心,包括供水预测（分区域、分水源、分工程）、需水预测（大户直报、供水企业用水情况、月度计划、历史用水规律等）、供需形势研判（分水源、分用户、分区域平衡分析）和场景推演（单方案、多方案组合、方案优化和方案生成）等功能。

（4）以预案为目的

综合当前可用水资源数量（质量）,以及水资源供需态势的仿真演练结果,形成水资源调度及生态流量保障预案。水资源预案以水资源动态调配模型中的实时调度工具为核心,进一步结合专家经验与知识库,包括动态调度方案生成（水利工程工况、经济社会情况、工程运用次序工程调度规则、非工程应对措施和组织实施机制等）和综合研判（预案实时跟踪评估、预案推荐、事后评估和知识提取等）功能。

## 16.3　水资源辅助决策支持

（1）辅助管理

辅助管理是水资源辅助决策支持系统的基础功能,通过建立水资源管理系统,可以集成流域水资源分布历史数据和调度方案数据,并提供查询和管理功能。管理人员可以通过系统查看历史数据,了解水资源的分布情况和变化趋势,以及以往的调度方案执行情况。同时,还可以管理和更新调度方案,进行方案的修改和优化。系统可以提供可视化的界面,方便用户进行数据查询和管理操作。此外,系统还可以支持数据的导入和导出,方便用户进行数据的共享和交流。

（2）实时态势展示

实时态势展示是水资源辅助决策支持系统的重要功能之一,通过实时监测和数据采集技术,可以获取流域内各个水源点的实时水位、流量、水质等数据,并将这些数据实时展示在地图上。这样,决策者可以直观地了解当前的水资源状况,包括水位、流量、水质等,以及各个水源点之间的关系。系统可以提供多种展示方式,如地图、曲线图、柱状图等,方便用户进行数据的可视化分析和比较。同时,系统还可以支持用户自定义展示参数,根据实际需求进行数据的筛选和显示。

（3）预报调度综合展示

预报调度综合展示是水资源辅助决策支持系统的关键功能之一,基于水文模型和气象预报数据,可以进行水资源的预测和调度方案的制定。通过将预测结果和调度方案综合展示在地图上,决策者可以直观地了解未来一段时间内的水资源供需情况,以及相应的调度方案。系统可以提供多种预测模型和算法,如水文模型、人工神经网络、遗传算法等,支持用户根据实际需求选择合适的预测方法。同时,系统还可以提供多种调度方案制定方法,如线性规划、动态规划、模糊决策等,支持用户根据实际需求制定合理的调度方案。

（4）调度方案智能化分析

调度方案智能化分析是水资源辅助决策支持系统的核心功能之一,通过人工智能技术,可以对历史调度方案和实际执行情况进行分析,提取经验规律和优化策略。同时,可以基于实时数据和预测结果,自动生成最优的调度方案,并提供决策支持。系统可以提供多种智能分析算法和技术,如机器学习、数据挖掘、模糊推理等,支持用户根据实际需求选择合适的智能分析方法。同时,系统还可以提供多种决策支持工具和模型,如决策树、专家系统、模拟仿真等,支持用户根据实际需求进行决策分析和评估。

（5）调度成果可视化展示

调度成果可视化展示是水资源辅助决策支持系统的重要功能之一,通过可视化技术,将调度方案的执行情况和效果展示在地图上。决策者可以直观地了解调度方案的实施情况,包括水资源的供需平衡情况、水质的改善情况等。同时,还可以进行成果评估,评估调度方案的效果和改进空间。系统可以提供多种展示方式和指标,如热力图、饼图、柱状图等,方便用户进行数据的可视化分析和比较。同时,系统还可以支持用户自定义展示参数和指标,根据实际需求进行数据的筛选和显示。

## 16.4　水资源调配应用案例

汉江是长江中游左岸最大的支流,干流流经陕西、湖北两省,全长1577km,支流展延至四川、甘肃、重庆、河南4省(直辖市),流域面积约15.9万$km^2$。流域多年平均降水量为700~1800mm,降水年内分配不均匀,5—10月降水量占全年的70%~80%,总的趋势由南向北、由西向东递减。多年平均地表水资源量为544亿$m^3$,多年平均年地下水资源量为178亿$m^3$,多年平均水资源总量为564亿$m^3$。汉江流域是国家水资源配置的战略水源地,流域水资源是南水北调、汉江生态经济带等国家战略的重要支撑。2020 年流域内供水量为 149 亿 m³,南水北调一期工程调水量 88.44 亿 m³,流域外调水与流域内用水、流域上下游用水、河道内与河道外用水,以及不同区域部门之间用水的矛盾加大,流域水资源管理和保护面临较大挑战。

自 2014 年以来,长江水利委员会每年组织编制汉江流域和南水北调中线一期工程年度水量调度计划。根据汉江流域来水预测和汉江流域内用水需求,协调南水北调中线一期工程供水,考虑汉江干支流梯级水库群调蓄,提出汉江年度水量调度计划,包括流域内各省(直辖市)供水计划、主要控制断面下泄过程、重要水库调度计划、重要引调水工程供水计划等。当来水需水条件发生变化时,适时对水量调度计划进行调整。为支撑上述汉江流域水量调度管理业务,需要开展相关专业模型的开发,包括汉江流域水资源调度配置模型、汉江干支流控制性水库群联合水量调度模型、丹江口水库供水调度模型、新形势下丹江口水库可调水量计算模型。汉江流域水资源调配系统(图 16-1)主要涉及以下 4 个核心功能:

图 16-1　汉江流域水资源调配系统

（1）水文预测分析

通过接入综合调度系统的数据服务接口,获取汉江流域主要断面(水库)、重要区间的径流预报成果数据。

（2）流域用水计划建议核定

在陕西、湖北、河南、四川、重庆、甘肃等6省（直辖市）及相关工程管理单位上报的年度用水计划建议的基础上，结合流域来水、工程蓄水、近年来实际用水情况以及重点断面最小下泄流量保障指标等，复核并提出汉江流域各省级行政区、引调水工程年度水量分配成果及逐月供水计划。

（3）陶岔渠首可调水量分析决策

综合考虑丹江口水库年度来水预测、南水北调中线一期工程水源区用水需求、供水安全，对陶岔渠首可调水量方案集进行调整优化，最终形成可调水量推荐方案。

（4）南水北调中线一期工程水量分配分析

考虑工程设计多年平均供水量、中线总干渠及分水口门过流能力、受水区生态补水需求等因素，复核并视情况调整受水区用水计划建议，形成多种供水策略，模拟计算陶岔渠首和受水区的供水方案集。

# 第 17 章　流域其他应用

数字孪生流域在顶层应用的配置中,已逐渐构筑了以流域防洪与水资源调配为中心,辅以水利工程建设与运营、河湖管理和农村水利水电等多项业务的全方位应用体系。通过引入数字孪生技术,流域管理已经完成了从传统方式向数字化方式的转变,显著提升了管理效率和水平。这种应用体系不仅推动了流域全要素的数字化和智能化,更为流域管理提供了科学的决策依据,加速了流域治理体系和治理能力现代化的步伐。接下来,我们将以河湖巡查管护、工程勘察设计、工程建设管理,以及灌区调度防汛为例,深入探索数字孪生流域在这些具体业务中的应用与实践。

## 17.1　河湖巡查管护

重庆位于我国西南部,境内大小河流 5300 余条,过境水资源丰富,水资源总量大,多年平均过境水资源量 3800 多亿 m³,水资源量 600 亿 m³。此外,重庆是长江上游生态屏障的最后一道关口,治好水、管好水直接关系到三峡库区的淡水资源战略储备和长江中下游 3 亿多人的饮水安全。

重庆市"智慧河长"系统(图 17-1)运用大数据、智能化手段辅助河长决策、助力河湖管理,率先建成市级统建,四级共用,"1(智慧中枢)＋1(感知体系)＋4(微信公众号、小程序、电脑、平板四终端)＋7(七大子系统)"智慧河长系统,全面开启河湖智能化管理保护时代。截至 2024 年 8 月,通过智能摄像头、无人机等前端感知设备,运用云计算、大数据、物联网、AI 分析技术,"智慧河长"系统共预警河道"四乱"、水质超标、水面漂浮物、河道非法采砂等疑似问题 2 万余次,1.83 万余名河长利用"智慧河长"App 开展巡河 560 余万人次,协调解决问题 15 万余个,基本实现了"天上看、云端管、地上查、智慧治"。

(1)巡河查河智能化

为方便各级河长使用,设计"一键巡河"功能,系统自动匹配并获取巡河地图、河段等基础信息,辅助河长快速巡河;当遇到手机信号较弱情况时,系统自动转为离线巡河,巡河数据自动保存后上传,更加便捷地支持山区巡河。

图 17-1    重庆市"智慧河长"系统

(2)问题处置闭环化

河长巡河上报、视频 AI 预警、市级总河长令排查、群众投诉举报等所有发现的问题,自动进入问题受理中心,实现问题受理、交办、督办、办结全过程闭环管理(图 17-2)。系统自动对超期未处理、逾期未办结问题进行提醒,督促河长限期办结。

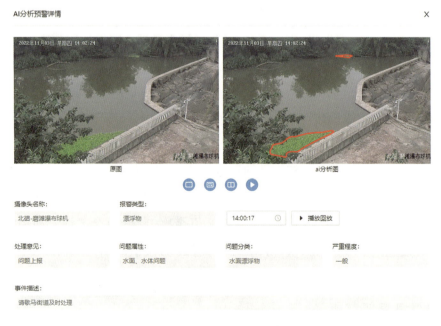

图 17-2    问题处置闭环化

（3）系统治理清单化

将"一河一策"方案数字化，全覆盖、全过程智能化管理河流治理目标措施清单、年度任务清单、责任单位清单和项目实施进度，各级河长、河长办及相关部门定期调度、实时查看、跟踪落实年度任务（图 17-3）。

图 17-3　系统治理清单化

（4）遥感立体化

通过卫星遥感自动解译、智能分析、卷帘对比、快速锁定，对河流的水域变化、河道"四乱"问题进行实时、动态、立体监管，为快速查河治河提供技术支撑（图 17-4）。

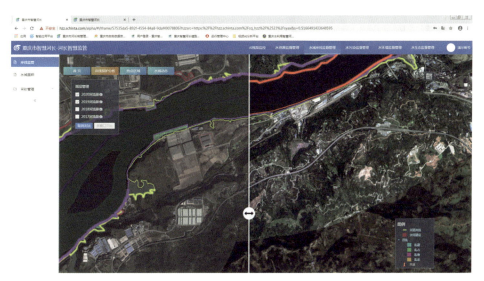

图 17-4　遥感立体化

（5）智能预警实时化

通过对视频实时影像进行图像识别、行为分析，结合前端初筛、后端精筛，第一时间主动预警垂钓、水面漂浮物等行为。发现疑似问题第一时间固定证据、第一时间发出预警、第一时间通知执法部门，极大破解了河道管理的取证难、监管难、处置难等问题（图17-5）。

图17-5　智能预警实时化

（6）污染溯源精准化

建立"源—网—站—厂—河"水污染预警溯源监测网络体系，对各类污染源进行精细化、智能化管控。出现污染事件后，系统将通过污染溯源仪进行污染指纹特征库比对，并高效、精准锁定疑似污染企业（图17-6）。同时，通过污染扩散趋势分析，推演污染物扩散的时间、路径和沿程浓度变化，及时进行预警处置。

（7）会商决策高效化

系统设计"一键会商"功能，可视频连线相关河长、河长办及部门。会商过程中，系统会根据划定区域，自动调取区域内所有前端感知设备实时数据，同步展示区域内发现的问题，实现对应急事件的全面感知与智能预测，为辅助各级河长会商研判、应急指挥、综合调度提供决策支撑（图17-7）。

图 17-6 污染溯源精准化

图 17-7 会商决策高效化

## 17.2 工程勘察设计

引江补汉工程是南水北调中线工程的后续水源,从长江三峡库区引水入汉江,沿线由南向北依次穿越宜昌市夷陵区、襄阳市保康县、谷城县和十堰市丹江口市。输水总干线工程线路总长约 194.8km,为有压单洞自流输水,由进、出口建筑物,输水隧洞,石花控制建筑物,以及检修排水建筑物等组成。

进口建筑物位于三峡大坝上游约 7.5km 处,出口建筑物位于丹江口大坝下游约 5km 处,进水口长 26.0m,输水隧洞长约 194.3km,出口建筑物长 475.0m,隧洞过水洞径 10.2m(等效洞径),根据三峡水库水位变幅,引水流量 170～212m³/s。石花控制建筑物位于桩号 164+000 附近。输水隧洞沿线利用施工支洞布置 11 条检修交通洞,兼具调压功能。工程实施后,将增加中线一期工程北调水量,同时向汉江中下游、引汉济渭工程及沿线补水(图 17-8)。

图 17-8　引江补汉数字孪生工程

(1)数字化展示

通过集成工程 BIM+GIS 模型,实现工程总体导览,实时展示引江补汉工程地形地质信息、工程分区分段模型、施工总布置模型等,提供对三维模型的定位、测量、交互浏览、剖切、显示隐藏、透明显示、属性信息查看等(图 17-9)。

图 17-9　数字化展示

（2）BIM 模型管理

可实现 BIM 模型的树状目录管理（图 17-10），支持模型上传、模型结构管理、模型属性编辑、版本管理、模型更新、属性信息上传及下载、模型关联文档等功能。

图 17-10　BIM 模型管理

（3）文档管理

对工程数字化交付文档进行统一管理，提供一种便捷的文档管理方式，对工程勘察设计生产的文档进行统一的管理。根据工程分解结构创建的模型结构树进行文档整理分类，形成文档管理列表，然后通过单击的形式可以查看文档节点下所包含的文档（图 17-11）。

图 17-11　文档管理

## （4）问题管理

提供模型问题在线发起、批准、查看等管理功能。勘测设计人员可通过模型可视化界面发起模型问题线上处置流程（图17-12）。

图 17-12　问题管理

# 17.3　工程建设管理

新疆玉龙喀什水利枢纽工程是国务院明确的172项节水供水重大水利工程之一，位于和田河支流玉龙喀什河中游河段上，是玉龙喀什河山区河段的控制性水利枢纽工程。工程在保证向塔里木河下泄生态水量目标的前提下，通过与乌鲁瓦提水利枢纽联合调度，以调控生态输水、灌溉补水为主，结合防洪，兼顾发电等综合利用。工程为Ⅱ等大（2）型工程，水库正常蓄水位2170m，水库总库容5.36亿m³，工程坝址以上集水面积1.21万km²。采用混凝土面板堆石坝，最大坝高233.5m，坝顶长度500m，电站装机容量200MW，年发电量5.20亿kW·h。工程建成后，将有效保护下游生态，提高下游防洪标准，缓解玉龙喀什河灌区春旱缺水状况，提高灌溉保证率，为区域经济社会发展提供电力供给，对巩固南疆地区脱贫攻坚成果，促进经济高质量发展具有重要意义（图17-13）。该工程已于2020年6月30日开工建设。

图 17-13　玉龙喀什水利枢纽工程效果图

玉龙喀什水利枢纽工程地处昆仑山深处,地势险要、自然环境恶劣,施工过程中面临高震区、高海拔、高边坡、高大坝、水库消落深度大、河谷狭窄、多泥沙等"四高一深一窄一多"等特点。为克服工程建设不利条件,结合水利部"需求牵引、应用至上、数字赋能、提升能力"精神,围绕"安全、质量、进度、投资、环保水保"等"五控制"管理要素,以 BIM、物联网、5G、北斗定位、数字孪生等新兴信息化技术赋能玉龙喀什水利枢纽建设,打造集 BIM 设计交底、现场实时监控、智能建造应用、建管要素控制、工程档案管理于一体的水利工程建设期全信息、全链路数字孪生管理平台(图 17-14)。

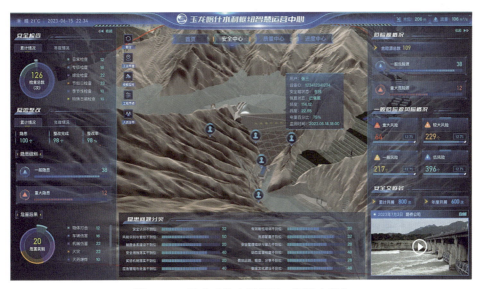

图 17-14　玉龙喀什水利枢纽工程数字孪生

（1）三维协同设计

设计工作作为工程建设项目全过程生命周期的重要组成部分，是科学技术转化为生产力的纽带和处理技术与经济关系的关键性环节。在玉龙喀什水利枢纽工程的设计上，有两大难题：一是场地狭窄、边坡高陡、沟梁相间的恶劣地形地貌条件，二是传统协作模式中不同专业之间大规模协同与交叉工作的协调问题。

玉龙喀什水利枢纽工程全流程应用三维正向协同设计，以"先建模后出图"的正向设计形式，保证模型和图纸的一致性；以全专业协同设计，有效减少专业间信息沟通障碍，同时解决空间上建筑物、设施设备布置和协同工作问题；将传统 CAD 与 CAE 有机融合，构建三维有限元应力应变及渗漏分析模型，为工程打造多维度数理模拟的数据底板（图 17-15），提高设计工作完成度和模型信息的精细度，全方位提升设计质效。通过三维正向协同设计，有效优化了该项目泄水建筑物、趾板、高趾墩等结构物布置及工程设计，减少了设计"错、漏、碰、缺"等问题。同时以施工详图设计阶段 BIM 模型为依托，在施工阶段继续沿用勘察设计阶段达索 3DE 平台对 BIM 模型进行深化，包括模型切分、渲染和模拟仿真等，实现数据的无缝衔接和最大化利用。

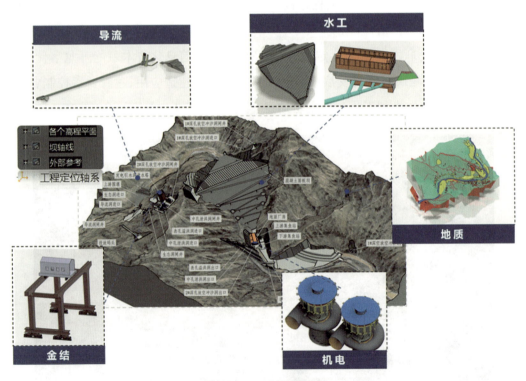

图 17-15　工程数据底板

（2）智能建造

玉龙喀什项目工程建设战线长，每年有效施工时间较短，对进度把控要求高。同时受地形影响，各作业面和道路在不同高程上多级层叠，施工组织要求高。以空、天、地、内一体化多维度的监测体系和现场视频监控等手段，构建工程全景监控模型，可优化施工组织、精细编排进度计划、科学配置施工资源，有助于在施工中实时掌握工程安全、质量状态及施工进展。

面板堆石坝的建设质量关系到整个工程的建设与运行安全，是建设质量控制的重中之重。为保证大坝碾压施工质量，提高工程建设管理水平，全面推进智慧碾压技术，以信息化手段避免人工作业的疏漏。通过全方位、全天候、全过程、实时监测碾压机具工作的轨迹、速度、频率、振动压力；基于北斗定位，将 BIM 与碾压监控结合，提供动态引导的数字驾驶舱环境；以"地基雷达＋图像识别"数字技术对碾压区域快速检测，为碾压填筑质量提供可视化依据，便于碾压过程的主动纠偏，在有效保障大坝碾压填筑质量的同时，提高至少 20％的施工工效（图 17-16）。

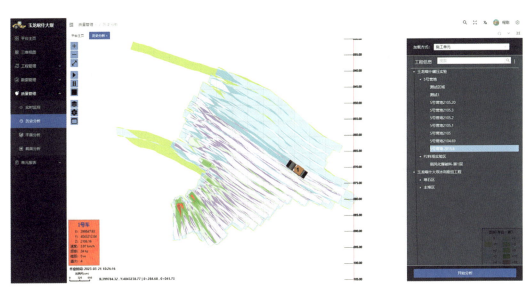

图 17-16　智慧碾压监控

（3）数智管理

围绕"安全、质量、进度、投资、环保水保"等"五控制"管理要素，以"单元工程"作为最小管理单元，并以此为核心，从工程划分，BIM 建模，进度编排、质量评定、工程计量，到资料归档，贯穿工程建管的全过程，实现以进度计划为龙头，以质量评定为驱动，以工程计量为约束，以资料归档为保障的"四联动建管体系"，为工程提供基于

BIM 的建设管理应用。

1）基于 BIM 的质量管理

以监理规范、工程建设单位质量管理体系为指导，结合 BIM 模型，构建"设计精细化交底→质量检查、隐患整改→试验检测实时监督→在线质量评定→工程验收统计"的全流程、体系化质量管控功能应用，包括设计交底、质量评定、质量巡检、质量消缺、工程验收、试验检测等功能。

2）基于 BIM 的进度管理

构建集计划制定、进度反馈、对比分析、总结于一体的进度管理功能体系，支持对施工进行精准编排，自动生成计划总览，通过自动化地采集施工日志里的进度信息，实现施工进度数据与 BIM 模型的挂接，直观展示工程进度，快速识别关键线路，有效指导工程进度分析。

3）基于 BIM 的 HSE 管理

以健康、安全、环境管理体系为指导，以可视化场景为载体，构建集事前教育培训、人员设备登记，事中监督检查、人员设备监测、三维风险源监测，以及事后处理等功能于一体的全流程 HSE 功能应用，促进施工作业安全及环境保障。

4）基于 BIM 的文档管理

以"业务—文档"及"工程部位—BIM"的关联模式，实现基于 BIM 的文档自动归集及查看，通过文档返溯业务流程及表单，实现管理过程全链条跟踪，立体化呈现工程文档。

## 17.4 灌区调度防汛

都江堰灌区是四川省最大、最重要的供水区，主要担负着四川盆地中西部地区农田灌溉和城市生活、生产和生态用水的供给任务；也是全省最富饶的、工农业生产最发达的地区，在全省经济社会持续发展中具有举足轻重的战略地位。随着经济社会的快速发展和工业化与城镇化进程的加快，灌区各地对水资源的需求更加紧迫，水资源短缺已成为都江堰灌区经济社会发展的严重制约因素和短板。都江堰灌区数字孪生平台项目按照数字孪生流域建设先行先试工作要求，结合都江堰渠首枢纽工作需求，开展数字孪生都江堰（渠首枢纽）的建设试点。

在整合等已有信息化成果的基础上，重点集成、融合都江堰渠首枢纽、重要水闸、重要干渠及其周边区域的二三维空间地理信息，构建 L3 级数据底板；汇聚工程基础信息、水雨情监测信息、水质监测信息、工程安全监测信息、视频监控信息、工程运行信息、业务管理信息及外部共享信息等,搭建数字孪生都江堰渠首高保真实体的数字化场景,支撑渠首枢纽智慧化运行(运维)管理、水资源精准调度管理等业务需求。

建设涵盖全渠首范围的水动力模型、水资源调度模型、防洪调度模型及磨儿潭应急水源地的水环境评价模型、水质预测模型等水利专业模型、可视化仿真模型与模拟仿真引擎的模型平台,对物理流域全要素和水利治理管理活动全过程进行模拟仿真和前瞻预演,为数字孪生流域提供基础使能支撑。

围绕都江堰的水资源管理需求,构建数字孪生都江堰(渠首枢纽)业务应用,包括渠首枢纽全息可视化、全场景业务专题(防汛、水资源、水质、工程运行)、渠首水资源调度预演三个功能模块,实现都江堰渠首枢纽的数字化场景、智慧化模拟、精准化决策。

作为水利部数字孪生试点,都江堰灌区数字孪生平台项目围绕渠首实际业务需求构建了基于数字孪生的灌区应用体系(包括工程调度、防洪、水资源、水质、工程运行等)及其使能支撑平台,通过"四预",提高了水旱灾害防御能力(图 17-17)、水资源利用效率(图 17-18),以及灌区智慧化管理水平(图 17-19)。

图 17-17 防汛专题

图 17-18　水资源专题

图 17-19　工程运行专题

# 第7篇

# 未来·展望

数字孪生流域建设是强化水旱灾害防治、优化水资源配置、改善水生态环境、促进区域协调发展的重要手段，是流域管理治理现代化的必由之路。水利部门在智慧水利建设过程中，始终将数字孪生流域建设放在首位，将其作为促进新时期水利高效发展的重要手段。目前，我国的数字孪生流域建设仍处在起步阶段，随着环境的不断变化和科技的飞速发展，人们对流域治理管理需求的认识逐渐加深，数字孪生建设也需要不断完善。在这种动态调整的过程中，必须牢牢坚持"需求牵引、应用至上"要求，以需求和应用引领数字孪生流域建设，推动业务应用系统不断更新迭代，更好地为流域治理管理和决策提供支撑，为新阶段水利高质量发展助力赋能。

# 第 18 章 技术突破

　　数字孪生流域是新一代信息通信技术与传统流域管理技术深度融合的一系列技术的集成融合创新及应用。数字孪生流域的建设需要多学科交叉、多技术融合,实现对流域水文、气象、水动力等过程的精细模拟和预测,为防洪、灌溉等决策提供更加准确和及时的信息,有效运用于流域治理管理的整个过程。

　　数字孪生的本质是在信息世界对物理世界进行等价映射。各种基于数字化模型进行的仿真、分析、数据积累、挖掘乃至人工智能的应用,都是为了确保数字孪生流域与现实物理流域的映射与互馈。为了实现数字孪生流域与现实物理流域的等价映射,需要建立完善的数据采集、处理和应用体系。首先,需要保证数据的质量和精度,采用高精度的传感器和数据处理技术,实现对物理流域的全面监测和数据采集。其次,需要采用先进的数据处理和分析技术,包括机器学习和深度学习等人工智能技术,实现对数据的自动化处理和智能化分析。最后,需要将数据转化为有用的信息和知识,通过可视化技术和交互界面等手段,为决策者提供直观、可靠的支持。

## 18.1　数字孪生流域关键技术突破

### 18.1.1　更全面的感知与监测体系

　　感知与监测是数字孪生流域的重要组成部分。目前,我国已形成了地面战网体系,在水利方面全国建立了大量水文、水资源、水土保持等各类采集点。同时,利用对地遥感和卫星系统初步建成了气象、海洋、环境和减灾监控体系。

　　未来将构建更为智能和完善的感知网络,研发"天—空—地—水工""车—船—站—网"全方位立体监测技术体系,包括自动化观测站、无人机、遥感卫星等多元化感知手段,实现对流域更全面、精细的实时监测;研发全要素协同感知,包括水流、水质、土壤湿度、气象、生物多样性等多个方面,实现对流域内所有要素的感知和监测。

## 18.1.2 更快速便捷的数据融合

数据是数字孪生的基础,数字孪生提出了对数据全面获取、数据深度挖掘、数据充分融合、数据实时交互、数据通用普适和数据按需使用的新需求。利用大数据存储、分析和挖掘技术,可以实现对海量水利数据的高效处理和应用,提取更多有价值的信息。此外,加强跨部门、跨地区的数据融合与共享也是数字孪生流域的重要发展方向。通过打破信息壁垒,将不同部门和地区的水利数据进行整合和共享,可以形成全国范围内的水利大数据平台。这有助于提高流域管理的效率和协同能力,实现资源的优化配置和共享。

## 18.1.3 高精度建模与智能仿真

数字孪生建模是精确刻画物理流域对象的核心,使数字孪生流域能够提供监控、仿真、预测、优化决策支持功能性服务以满足流域治理管理的需要。通过建立高精度的流域数字模型,将传感器数据、历史数据和实时数据集成到模型中,可以实现对物理流域的数字化映射。未来的建模仿真需要注重以下几个方面的发展:

(1)精细化

随着传感器技术、计算技术和算法的不断进步,未来的数字孪生流域将更加注重精细化建模和仿真。例如,对于流域中的复杂地形、水动力过程、水质变化等,将需要建立更加精细的模型和算法进行模拟和预测。

(2)多尺度

不同尺度的模型和算法可以针对不同的流域特征和问题进行模拟和预测,如宏观尺度上的气候变化和生态响应,中观尺度上的水利工程运行和管理,以及微观尺度上的水生生物种群动态等。

(3)智能化

通过引入人工智能、机器学习等技术,可以自动化地进行模型选择、参数优化和结果评估等过程,从而提高建模和仿真的效率、准确性。

## 18.1.4 知识图谱技术不断完善

知识图谱作为一种新兴的知识表示和管理技术,能够有效地组织、整合和挖掘领域知识,支持构建数字孪生流域的知识平台。目前,流域知识图谱的应用场景相对有限,应用方式也显得缺乏创新,因此在一定程度上显得内生驱动力不足。为了有效推动知识图谱的应用,实现基于流域原生数据的深度知识推理,提高大规模知识图谱的计算效率与算法精度,一方面需要认真剖析流域数据与知识的特性,在认知推理、图计算、类脑计算和演化计算的算法上多下功夫;另一方面需要加强知识图谱标准化测试工具的建设。

# 18.2　数字孪生流域新技术发展

## 18.2.1　人工智能技术

人工智能技术通过对海量数据进行重新组织与挖掘,协助我们深入理解复杂流域系统在演化过程中的物理机制。在大数据环境下,通过大规模的数学模型训练,数字孪生流域模型不仅具备了自我学习和自我适应的能力,而且能持续提升对物理流域的模拟精度。此外,人工智能技术的预测和预警功能,也能为管理者提供科学的决策依据。融合声纹识别、知识图谱、语音交互等新一代信息技术,实现工程设备异常监测自动预警,创新水利工程设备故障预警机制,提升监测预警能力,降低设备运维成本。

## 18.2.2　时空纬度扩展

数字孪生流域的时空维度存在着巨大的提升潜力。随着技术的不断进步,未来的数字孪生流域将朝着更高的时间分辨率和更广阔的空间范围发展。具体而言,它可能会在几小时甚至几分钟的时间尺度上,精细化地模拟和预测气候变化对流域产生的深远影响;也可以通过扩展空间范围,包括更多的干流和支流,更全面地模拟流域的水文过程和生态影响。这种扩展不仅能提升我们对流域系统的理解,更能为防洪、灌溉、水资源管理等多种决策提供实时且可靠的参考信息。细化的时间和空间维度还能帮助我们更深入地了解流域生态系统的复杂互动,从而推动更为可持续的水资源管理和生态环境保护策略的形成。

## 18.2.3　多学科交叉和多技术融合

未来,数字孪生流域可能不再局限于单一的模型,而是会呈现多个模型的深度交融与实时交互的新形态。比如,可以将地理信息系统、水动力学模型和气象学模型紧密结合,从而以更全面、更宽广的视角来深入理解和精准预测物理流域的各种行为。

数字孪生流域的研究和应用广泛涉及水文学、气象学、地理信息科学等多个学科领域,而随着 5G 技术、云计算、人工智能等新兴技术的飞速发展,未来的数字孪生流域有望实现更加便捷、高效的跨区域、跨平台协作。这意味着科研人员、政府部门和企业等各方可以在同一平台上紧密合作,共同参与数字孪生流域的管理和优化工作,为水利行业的持续发展提供强大动力。

### 18.2.4　增强现实与虚拟现实结合

将数字孪生流域与增强现实(AR)和虚拟现实(VR)技术紧密结合,可以开创一种虚实深度融合的全新流域管理方式。举例来说,我们可以利用 AR 设备将数字孪生流域的精确模拟结果实时叠加在物理流域之上。这将极大地提升我们对流域状况的直观理解。为此,我们需要开展一系列技术研究,包括但不限于快速构建流域大场景的三维环境、基于虚实场景的实时精确融合技术,以及针对防洪减灾指挥决策和流域综合调度的增强现实原型系统。这些研究不仅具有创新性,而且将为流域综合管理提供坚实的技术支撑,有助于我们更有效地监控、管理和保护流域资源。

数字孪生流域是数字孪生技术与水融合的新发展路径,是数字流域、智慧水利发展的更高层级,将信息空间上构建的水利虚拟映射叠加在水利物理空间上,重塑水利基础设施,形成虚实结合、孪生互动的水利发展新形态。

# 第 19 章  体系重塑

## 19.1  水利工程—流域—水网数字孪生一体化

数字孪生流域、数字孪生水网和数字孪生水利工程三者分别是物理流域、物理水网和物理水利工程在数字空间中的映射,它们之间的关系取决于对应的物理实体间的关系。物理流域是指由分水线所包围的河流集水区,包括地面和地下两种类型。物理水网是由物理流域中的自然河湖水系与引调排水和调蓄工程组合而成。物理水利工程包含水库、水利枢纽、引调排水、调蓄、闸站、泵站等工程。这三者各有其独特的功能,互不替代,各有侧重,相对独立但又相互连通,紧密联系。

(1)数字孪生水网与数字孪生流域

数字孪生水网以物理水网为单元、时空数据为底座、数学模型为核心、水利知识为驱动,对物理水网全要素和建设运行全过程进行数字映射、智能模拟、前瞻预演,实现对物理水网的实时监控、联合调度、风险防范。

数字孪生流域和数字孪生水网在数据采集、处理和分析方面存在相互依赖的关系。数字孪生流域需要采集流域内的各种数据,包括水文、水质、水生态等方面的数据,而数字孪生水网则需要采集水网内的数据,包括水流、水质、水量等方面的数据。这些数据可以相互补充,形成更加全面和准确的参考信息。

数字孪生水网通过数字化、网络化、智能化的思维方法,优化流域水资源配置,优先保障流域人民生活生产用水、生态环境用水、经济社会发展用水,及时发布流域水资源预警信息、划定流域水资源红线、指导流域节约用水等,以有限的水资源保障流域经济社会高质量发展。

(2)数字孪生水利工程与数字孪生流域

数字孪生水利工程是数字孪生流域的重要组成部分,是物理水利工程的数字空间映射。将物理水利工程中的数据、信息、知识等转化为数字空间中的模型、数据、信息等,实现物理水利工程向数字空间的迁徙。

水利工程是一项涉及跨流域的复杂工程,需要综合考虑多个流域的水文、气象、地形、地质等条件,以及工程本身的技术和经济因素。数字孪生水利工程通过构建流域统一、及时更新的数据底板,保持与物理流域交互的精准性、同步性、及时性,便于管理人员及时掌握流域水资源的真实信息,从而实现流域水资源优化配置和集约节约高效利用、水旱灾害防御、流域水生态文明建设。

## 19.2　数字孪生赋能流域治理管理

水利信息化建设经过几十年的发展,形成了一套适合我国水利实际的治理管理业务流程,这是一笔宝贵的经验财富。随着网络化、信息化、智慧化水平的不断提高,数字孪生流域用数字孪生的思维和方法对业务流程进行再造,实现业务流程优化升级,通过数字孪生与业务应用的虚实交互,不断提高流域管理水平。结合流域防洪、水资源管理与调配、河湖管理保护、水利工程建设与管理等业务,构建全方位的流域治理管理体系。

(1)提升流域感知

数字孪生流域与大数据相结合,基于“自然—社会”二元水循环规律和演变特征、部门共享数据、天空地监测数据、社交媒体数据,可以对没有布设水利传感器的对象进行状态推算和了解,弥补水利传感器的不足,同时节约大量的前期投资成本和后期运维成本。

(2)深化流域认知

借助数字孪生流域技术,我们可以创建出虚拟的流域环境,通过不断模拟水利系统的运行特性,积累起庞大的水利大数据集。运用大数据分析的手段,我们可以探寻那些未知物理流域对象的时空特征和变化规律,以全新的视角和方式来认知、解读流域水利系统。

(3)优化流域调控

数字孪生流域可以预演洪水过程,包括行进路径、洪峰、洪量等,从而动态优化防洪调度方案;针对流域内不同地区的生活、生产和生态需求,可以预演工程体系的调度,实时调整和优化水资源调度方案;考虑到水利工程群(如河流、渠道、管道等)的复杂性,利用数字孪生流域技术在不同水动力条件下模拟运行,可以获得闸门、泵站等设备的最佳控制策略,并为预测控制、最优控制等算法提供闭环验证环境,从而实现水利工程群的精确控制和性能优化。

(4)强化流域管理

数字孪生流域技术为流域管理提供强力支持,帮助管理者实时掌握水资源利用、河湖状况、水利设施等多个方面的信息,并能进行精准定位和影响分析。此外,还加强了信息共享和业务协同,使得不同层级、行业和部门能够更好地合作,对涉水事务进行联合防御、管控和治理,从而提升流域管理的效能。

# 第 20 章　前景展望

作为数字化转型和智能化升级的关键技术,数字孪生已经在工业制造、电力系统、智慧城市等领域建立了成熟的理论技术体系,并逐步开始实际应用。数字孪生技术具有高效决策、深度分析等特点,能够更好地支持各产业领域的技术自主和数字安全,推动数字产业化和产业数字化进程,加快实现数字经济的国家战略。

在水利领域,数字孪生技术同样具有广阔的应用前景。我国实行流域和区域管理相结合的水利管理体制,从水文水资源管理的科学角度,流域管理对于水利管理至关重要。因此,实现水利治理体系和治理能力现代化必须建设数字流域,打造智慧流域,提升流域管理智慧化和精细化水平。我们要充分利用数字映射、数字孪生、仿真模拟等信息技术,建立覆盖全流域的水资源管理与调配系统,推进水资源管理数字化、智能化、精细化。

当前,各大流域均开展过多轮信息化建设,为进一步提升流域管理智慧化和精细化水平奠定了较好的基础。但是,现有流域信息化建设距离基本实现社会主义现代化的要求还有差距,需要不断提升流域管理智慧化和精细化水平。

## 20.1　加强监测体系建设,提升信息采集能力

数字孪生和智慧流域建设都以数据为基础,数据是它们的核心支撑要素。然而,当前智慧流域的短板在于感知能力不足,无法充分获取和利用相关数据,严重制约了数字孪生流域的进一步发展。为了解决这一问题,我们必须加强监测体系建设,提升信息采集能力,确保数据的准确性和实时性。

首要任务是完善对江河湖泊和水工程的监控体系。具体来说,要优化监测站网布局,实现全要素的实时在线监测。包括但不限于水位、流量、水质、泥沙,以及地灾、气象、人口分布等相关信息。通过高分辨率的航天、航空遥感技术和地面水文监测技术的有机结合,我们可以建立流域天—空—地—水工一体化监测系统,从而提高流域监测体系的覆盖度、密度和精度。除此之外,新技术的应用也是提升感知能力的关键

途径。通过卫星、雷达等手段,我们可以实现对广阔区域的动态监测;智能视频监控技术则可以帮助我们实现对特定区域或工程的自动识别、智能监视和预警功能;无人机、无人船等新型监测手段也可以根据需要灵活部署,大大提高我们的工作效率和数据采集能力。

## 20.2 全面数字化建模,打造流域孪生体

流域孪生体的构建需要采集流域各要素数据,运用BIM+GIS、数字孪生等技术,对重要的水库、堤防、蓄滞洪区、水闸和泵站等水利工程进行全面的数字化建模,并进行数据、模型集成融合,以实现流域孪生体与物理实体的镜像。其中,从流域实景三维建模到动态数据驱动的数字孪生流域模型,以及数字孪生模型的反向推演仿真成为数字孪生流域的核心技术。这些流域孪生体不仅可以接入实时监测设备,对重点工程对象进行实时监控,而且能够实现重要数据的精准映射,从而更好地理解和预测水利系统的运行情况。

## 20.3 完善仿真模拟,提升智慧化水平

数字孪生流域的核心是多学科、多物理量、多尺度、多概率的仿真过程。建立覆盖流域的物理水利及其影响区域的数字化映射,就是要实现仿真模拟提升智慧化,最终为决策支撑服务。依托数据中心,预测未来流域水位、水量、水质状况、水资源开发利用情况,提出流域水资源调配方案,通过多方案比选和评估,供防洪减灾调度和水资源管理会商决策。不同调度方案的模拟,为流域防洪减灾处理、水资源调控、保护预警和水污染事件应急处置提供技术保障。

## 20.4 建设流域业务系统,提供决策支撑

应用数字孪生技术打造数字映射和仿真模拟,最终目的是提升决策支撑能力。按照"需求牵引、应用至上、数字赋能、提升能力"原则,在各类监测、集成数据和GIS的二三维流域数字化映射的基础上,构建水旱灾害防御、水资源管理与调配和其他水利业务系统,通过构建"能用、好用、管用"的业务系统,助推"2+N"业务应用,为科学决策提供信息化支撑。

回顾水利信息化发展历程,我们正站在一个前所未有的发展节点上,也面临比以往更迫切的实际需求。数字孪生流域建设不仅是一个着眼长远的决策,更是一个抓住当前机遇、引领未来的策略。我们要进一步深刻认识并加快推进数字孪生流域建设对水利事业发展的重大意义。以时不我待的精神乘势而上,推动智慧水利建设再上新台阶。

# 参考文献

[1] 刘家宏,王光谦,王开.数字流域研究综述[J].水利学报,2006(2):240-246.

[2] 蔡阳,成建国,曾焱,等.加快构建具有"四预"功能的智慧水利体系[J].中国水利,2021(20):2-5.

[3] 黄艳.数字孪生长江建设关键技术与试点初探[J].中国防汛抗旱,2022,32(2):16-26.

[4] 黄艳,喻杉,罗斌,等.面向流域水工程防灾联合智能调度的数字孪生长江探索[J].水利学报,2022,53(3):253-269.

[5] 饶小康,马瑞,张力,等.数字孪生驱动的智慧流域平台研究与设计[J].水利水电快报,2022,43(2):117-123.

[6] 冶运涛,蒋云钟,梁犁丽,等.数字孪生流域:未来流域治理管理的新基建新范式[J].水科学进展,2022,33(5):683-704.

[7] 李文正.数字孪生流域系统架构及关键技术研究[J].中国水利,2022(9):25-29.

[8] 刘海瑞,奚歌,金珊.应用数字孪生技术提升流域管理智慧化水平[J].水利规划与设计,2021(10):4-6+10+88.

[9] 刘昌军,刘业森,武甲庆,等.面向防洪"四预"的数字孪生流域知识平台建设探索[J].中国防汛抗旱,2023,33(3):34-41.

[10] 刘家宏,蒋云钟,梅超,等.数字孪生流域研究及建设进展[J].中国水利,2022(20):23-24+44.

[11] 张霖,陆涵.从建模仿真看数字孪生[J].系统仿真学报,2021,33(5):995-1007.

[12] 陈珂,丁烈云.我国智能建造关键领域技术发展的战略思考[J].中国工程科学,2021,23(4):64-70.

[13] 李德仁.基于数字孪生的智慧城市[J].互联网天地,2021(7):1.

[14] 谢明霞.地理国情复杂系统及其区划研究[D].武汉:武汉大学,2016.

[15] 冯钧,朱跃龙,王云峰,等.面向数字孪生流域的知识平台构建关键技术[J].人民长江,2023,54(3):229-235.

[16] 尚海龙,田苡菲,王志扬,等.数字孪生流域主要建设需求分析[J].中国水利,2023(3):54-59.

[17] 李文正.数字孪生流域的内涵、体系结构及模型[J].中国水利,2022(20):25-27.

[18] 张阿哲,李家欢,朱子建.数字孪生流域数据安全问题探究及对策[J].水利信息化,2022(6):15-19.

[19] 徐驰,彭振阳,黄金凤,等.多目标生态水网构建与评价方法研究[J].人民长江,2022,53(3):79-86.

[20] 张力,张航,刘成堃,等.水利数字孪生平台三维模拟仿真技术研究与应用[J].人民长江,2023,54(8):9-18.

[21] 周洁,邵银霞,王沛丰,等.基于数字孪生流域的防汛"四预"平台设计[J].水利信息化,2022(5):1-7.

[22] 杜军凯,游进军,仇亚琴,等.面向"四预"的水资源智能业务应用体系研究[J].水利发展研究,2023,23(8):1-6.

[23] 徐健,赵保成,魏思奇,等.数字孪生流域可视化技术研究与实践[J].水利水电快报,2023,44(8):127-130.

[24] 陈军飞,邓梦华,王慧敏.水利大数据研究综述[J].水科学进展,2017,28(4):622-631.

[25] 周超,唐海华,罗斌,等.水利行业大数据汇集管理体系建设的思考[J].水利信息化,2021(4):6-10.

[26] 李金宵,陈民,蔡慧敏,等.水利数据资源治理体系建设的思考[J].水电站机电技术,2023,46(6):4-7+159.

[27] 成春生,穆禹含,李薇,等.水利视频级联集控平台设计与实践[J].水利信息化,2023(2):76-80,92.

[28] 陈康,付华峥,刘春,等.数据资产管理及关键技术的应用[J].广东通信技术,2023,43(3):64-69.

[29] 薛冰,李宏庆,黄蓓佳,等.数据驱动的社会—经济—自然复合生态系统研究:尺度,过程及其决策关联[J].应用生态学报,2022,33(12):3169-3176.

[30] 李海峰.中美数字孪生研究主题的比较分析——兼论基于结构话题模型的文献

主题数据挖掘方法[J].情报杂志,2022,41(1):156-163.

[31] 张宝鹏.面向国土空间规划的测绘地理信息技术及数据成果服务的应用展望[J].工程技术研究,2022,7(3):223-225.

[32] 蒋亚东,石焱文.数字孪生技术在水利工程运行管理中的应用[J].科技通报,2019,35(11):5-9.

[33] 牛广利,李天旸,杨恒玲,等.数字孪生水利工程安全智能分析预警技术研究及应用[J].长江科学院院报,2023,40(3):181-185.

[34] 石焱文,蔡钟瑶.基于数字孪生技术的水利工程运行管理体系构建[C]//2019年(第七届)中国水利信息化技术论坛论文集.2019.

[35] 刘胜军."四化"体系赋能数字孪生水利建设探讨[J].中国水利,2022(20):34-37.

[36] 魏传喜,于雨.数字孪生水利工程建设思考[J].海河水利,2022(S01):81-84.

[37] 李国英.建设数字孪生流域 推动新阶段水利高质量发展[J].水资源开发与管理,2022,8(8):3-5.

[38] 张绿原,胡露骞,沈启航,等.水利工程数字孪生技术研究与探索[J].中国农村水利水电,2021(11):58-62.

[39] 杨春成,崔卫平,欧阳峰,等.基于云存储的地理空间框架数据服务[J].测绘科学技术学报,2015(3):294-299.

[40] 王育杰,施凯敏,娄书建.数字孪生三门峡水利枢纽综合设计与应用研究[J].水利信息化,2022(6):1-6.

[41] 李君廷.临淮岗数字孪生工程建设研究和探索[J].水利建设与管理,2022(9):12-17.

[42] 朱光华,林榕杰,申友汀.基于多源空间融合的流域数据底板构建及应用——以金溪将乐城区段为例[C]//2022年(第十届)中国水利信息化技术论坛论文集.2022.

[43] Lee J. Integration of Digital Twin and Deep Learning in Cyber-Physical Systems:Towards Smart Manufacturing[J]. IET Collaborative Intelligent Manufacturing,2020,38(8):901-910.

[44] 左强,李骁.数字孪生黄河拦沙坝数据底板建设案例分析[J].中国水利,2023(5):59-62.

[45] 曾国雄,何林华,唐宗仁,等.以统一数据底板构建标准锚定数字孪生流域建设目标[J].中国水利,2022(20):38-41.

[46] 黄喜峰,刘启,刘荣华,等.数字孪生山洪小流域数据底板构建关键技术及应用[J].华北水利水电大学学报(自然科学版),2023,44(4):17-26.

[47] 郑任泰,贺涛,许克平,等.洞庭湖区时空数据底板建设探索[J].水利技术监督,2023(11):71-73.

[48] 王伟,周少良.数字孪生工程建设背景下水利工程智能感知巡检系统建设[J].水利建设与管理,2023,43(1):26-31.

[49] 朱敏,施闻亮.数字孪生技术在水利工程中的实践与应用[J].江苏水利,2022(S02):81-85.

[50] 申振,姜爽,聂麟童.数字孪生技术在水利工程运行管理中的分析与探索[J].东北水利水电,2022,40(8):62-65.

[51] 顾思斌,陆炜,钟爱成.数字孪生技术在水利枢纽工程管理中的应用[J].江苏水利,2022(S02):28-31.

[52] 侯毅,华陆韬,王文杰,等.数字孪生流域三维数据底板建设及应用[J].人民长江,2023:1-7.

[53] 李智,胡文才,刘媛媛,等.数字孪生工程数据底板建设与应用——以南四湖二级坝工程(试点)项目为例[J].中国水利,2023(20):63-67.

[54] 赵永军,张红丽,程复.智慧水土保持数据底板建设的原则与分工[J].中国水土保持,2023(10):24-26.

[55] 沈林,石孟辰,吕鹏,等.无人机遥感技术在哈密石城子灌区信息化数据底板建设中的应用[J].测绘通报,2023(S1):125-129.

[56] 高念高.数字孪生水利工程中的大数据应用初探[J].信息技术与标准化,2023(8):87-91.

[57] 冶运涛,蒋云钟,曹引,等.以数字孪生水利为核心的智慧水利标准体系研究[J].华北水利水电大学学报(自然科学版),2023,44(4):1-16.

[58] 刘业森,刘昌军,郝苗,等.面向防洪"四预"的数字孪生流域数据底板建设[J].中国防汛抗旱,2022,32(6):6-14.

[59] Sheng D,Lou Y,Sun F, et al. Reengineering and Its Reliability:An Analysis of Water Projects and Watershed Management under a Digital Twin Scheme in

China[J]. Water,2023,15(18).

[60] Jianwen Z,Li J. Application of Digital Twin Technology in the Operation and Management of Water Diversion Project[J]. International Journal of Frontiers in Engineering Technology,2023,5(10).

[61] Singh M,Ahmed S. IoT Based Smart Water Management Systems:A Systematic Review[J]. Materials Today:Proceedings,2021,46:5211-5218.

[62] Cosgrove W J,Loucks D P. Water Management:Current and Future Challenges and Research Driections [J]. Water Resources Research, 2015, 51 (6): 4823-4839.

[63] Rossetto R,De Filippis G,Borsi I,et al. Integrating Free and Open Source Tools and Distributed Modelling Codes in GIS Environment for Data-based Groundwater Management[J]. Environmental Modelling & Software,2018, 107:210-230.

[64] Kamienski C,Soininen J P,Taumberger M,et al. Smart Water Management Platform:IoT-based Precision Irrigation for Agriculture[J]. Sensors,2019,19 (2):276.

[65] Lee S W,Sarp S,Jeon D J,et al. Smart Water Grid:the Future Water Management Platform[J]. Desalination and Water Treatment,2015,55(2): 339-346.

[66] Ramos H M,McNabola A,López-Jiménez P A,et al. Smart Water Management Towards Future Water Sustainable Networks[J]. Water,2020,12(1):58.

[67] 刘璐. 福建省闽江流域数字孪生平台建设设想[J]. 水利科技,2023(2):1-5.

[68] Hang T,Feng J,Wu Y,et al. Joint Extraction of Entities and Overlapping Relations Using Source-target Entity Labeling [J]. Expert Systems with Applications,2021,177:114853.

[69] Yan L,Feng J,Hang T,et al. Flow Interval Prediction Based on Deep Residual Network and Lower and Upper Boundary Estimation Method[J]. Applied Soft Computing,2021,104:107228.

[70] Ding Y,Zhu Y,Feng J,et al. Interpretable Spatio-temporal Aattention LSTM Model for Flood Forecasting[J]. Neurocomputing,2020,403:348-359.

[71] 胡春宏,郭庆超,张磊,等.数字孪生流域模型研发若干问题思考[J].中国水利,2022(20):8-11.

[72] 张曦阳,林旭升,周瑞,等.数控系统数字孪生体系结构及应用研究[J].系统仿真学报,2023:1-4.

[73] 钟小品,吴碧峰,吴宗泽,等.基于领域驱动设计的可演化数字孪生体构建方法研究[J].机械设计,2023,40(S2):38-44.

[74] 杨旭,张玉柱.基于数字孪生水利工程的对象编码探究与实践[J].数字技术与应用,2023,41(10):139-141.

[75] 宋华霖,姜绍飞.数字孪生在空间结构生命周期管理中的应用与挑战[J].福州大学学报(自然科学版),2023:1-10.

[76] Madubuike O C,Anumba C J,Khallaf R. A Review of Digital Twin Applications in Construction[J]. Journal of Information Technology in Construction,2022,27(8):145-172.

[77] 刘秋生,崔久丽.水利信息化建设中大数据的应用研究——评《水利工程建设管理信息化技术应用》[J].人民黄河,2021,43(12):167.

[78] 蒋云钟,冶运涛,赵红莉,等.水利大数据研究现状与展望[J].水力发电学报,2020,39(10):1-32.

[79] 余慧,刘阳哲.数字孪生三峡建设思考与实践[J].中国水利,2022(23):39-42.

[80] 贺挺,李凤生,成建国,等.水利部数字孪生流域模型管理云平台设计及应用研究[J].水利水电技术(中英文),2023:1-18.

[81] 周超,唐海华,李琪,等.水利业务数字孪生建模平台技术与应用[J].人民长江,2022,53(2):203-208.

[82] Benjamin Schleich,Nabil Anwer,Luc Mathieu,et al. Shaping the Digital Twin for Design and Production Engineering [J]. CIRP Annals-Manufacturing Technology,2017.

[83] 徐波,王昕.数字孪生水利工程网络安全风险分析和保障体系[J].人民长江,2023,54(11):242-250.

[84] 肖尧轩,牟舵,王康.数字孪生珠江网络安全体系建设的几点思考[C]//中国水利学会,2022中国水利学术大会论文集(第四分册),郑州:黄河水利出版社,2022.

［85］ 成建国. 数字孪生水网建设思路初探［J］. 中国水利,2022(20):6.

［86］ 高俊. 地图学四面体——数字化时代地图学的诠释［J］. 测绘学报,2004,33(1):6.

［87］ 王文跃,李婷婷,刘晓娟,等. 数字孪生城市全域感知体系研究［J］. 信息通信技术与政策,2020(3):4.

［88］ Fei Tao,Qinglin Qi,Lihui Wang,et al. Digital Twins and Cyber-Physical Systems toward Smart Manufacturing and Industry 4. 0:Correlation and Comparison［J］. Engineering,2019,5(4):653-661.

［89］ Bartos M,Kerkez B. Pipedream:an Interactive Digital Twin Model for Natural and Urban Drainage Systems［J］. Environmental Modelling & Software,2021,144:105120.

［90］ Conejos F P,Martinez A F,Hervas C M,et al. Building and Exploiting a Digital Twin for the Management of Drinking Water Distribution Networks［J］. Urban Water Journal,2020,17(8):704-713.

［91］ 陶飞,张贺,戚庆林,等. 数字孪生十问:分析与思考［J］. 计算机集成制造系统,2020,26(1):1-17.

［92］ 刘志雨. 提升数字孪生流域建设"四预"能力［J］. 中国水利,2022(20):11-13.

［93］ 周志安,王杰伟,赵萌,等. 智慧水利框架下河湖管护模式探讨［J］. 中国水利,2023(2):48-51.